重复力

如何把简单的事情做到极致

梁译文 著

廣東旅游出版社
GUANGDONG TRAVEL & TOURISM PRESS
悦读书·悦旅行·悦享人生
中国·广州

图书在版编目（CIP）数据

重复力：如何把简单的事情做到极致 / 梁译文著. — 广州：广东旅游出版社，2018.10（2024.8重印）

ISBN 978-7-5570-1481-0

Ⅰ. ①重… Ⅱ. ①梁… Ⅲ. ①成功心理－通俗读物 Ⅳ. ①B848.4-49

中国版本图书馆CIP数据核字（2018）第200738号

重复力：如何把简单的事情做到极致

CHONG FU LI：RU HE BA JIAN DAN DE SHI QING ZUO DAO JI ZHI

出 版 人 刘志松
责任编辑 何 方
责任技编 冼志良
责任校对 李瑞苑

广东旅游出版社出版发行

地　　址 广东省广州市荔湾区沙面北街71号首、二层
邮　　编 510130
电　　话 020-87347732（总编室） 020-87348887（销售热线）
投稿邮箱 2026542779@qq.com
印　　刷 三河市腾飞印务有限公司
（地址：三河市黄土庄镇小石庄村）
开　　本 710毫米×1000毫米 1/16
印　　张 14
字　　数 160千
版　　次 2018年10月第1版
印　　次 2024年8月第2次印刷
定　　价 58.00元

序言

有一句网络流行语：重要的事情说三遍，说三遍之后，就会有“神奇的效果”发生。我们不去探究到底效果多神奇，只看“说三遍”本身。

毫无疑问，说三遍，即是一种重复，更是一种持续。当我们懂得把复杂的事情简单化、工具化、系统化，甚至于令其在某种神秘力量的推动下“自动化”，那么那种所谓的“神奇的效果”即会自然而然地发生了。在这里，神秘的力量到底是什么？显而易见，它即是重复的力量。

重复产生力量或奇迹，这并不多么高深玄妙，日常生活中，重复所产生的神奇之态随处可见。比如我们重复呼吸，让生命得以延续；重复练习任何一项运动，会让我们具备某种能力……这些司空见惯的例子，或许并不能让我们对重复产生的神奇效果报以惊叹，不过，这个世界，甚至宇宙不也是存在于“重复”中吗？抑或者说，我们的存在，本身就是重复的力量使然。

我们寻觅或掌握重复的力量，为的是让它帮助、推动我们走向自己所渴望的成功，无论是生活还是工作，懂得运用重复的力量，都将会为我们的人生增光添彩。

无论是《吸引力法则》还是《羊皮卷》，其实它们都是传递一种借由重复而产生的力量。想要的成功、想要的幸福、想要的满足感……这一切影像都会在无限的“重复”中根植于我们内心，不是让我们相信它们已经进入我们体内，而是它们原本就在我们体内，我们施用重复之力，只是为了唤醒它们。

毫不夸张地说，运用重复的力量，似乎可能做成任何一件事，关键即在于我们是否真的能无限重复下去。

本书通过各方面展示重复所带来的神奇效果，以及讲述如何去重复，如何克服无法重复的障碍，如何让重复变得更可行，结合种种案例，证明重复的神奇效能。

古往今来，任何一个成功者，无论他获得的是哪种成功，其实都离不开重复。对于我们普通人而言，重复的意义更加现实。此刻，不消说设立一个远大目标，如果你真的想体验一下重复带来的神奇效果，不妨以某个习惯为实验体，去试着重复，试着感受这种无形且强大的力量吧！

目 录

Part 1 做同一件事：重复能让你成为很厉害的人

不断尝试，不断探索，寻求生命中未曾有过的光彩，这种奋斗之美弥足珍贵。我们因何重复？答案就是：为的是让我们的人生变得更加饱足。

Part 2 工匠精神：重复的事情用心去做

一颗不为外事搅扰的心，是无价的。守住自我，不畏外人异样的眼光，在自己的世界里“虚极静笃”，安心重复，用大师的品格塑造内心的坚强，做一个人生的匠人。即便外界几度浮沉，那也只是窗外的风景，而最美的风景则在自己埋头所做的事情里，在自己那颗执着而专一的内心当中。

Part 3 重复的要素：成功要有的习惯

无论在生活还是工作中，我们都会面临“重复”带来的疲倦和无力感，这个时候拼的就是专注、耐力等，看谁能熬。熬得住，事情往往能成。

Part 4 重复的事业：专注踏实每一天

在这个躁动的年代里，能够平心静气地做一件事情，并相信自己可以完成，是一种不可或缺的品格。这种看似只有大师身上才能体现出来的品格，事实上也可以平移到我们每个平凡人身上，关键只在于我们是否决定“专注地重复”。

Part 5 锁定目标：方向明确才能够做得更好

人生，是不断设定新目标的过程，没有终点的重复，宛若莫比乌斯环。

Part 6 克服障碍：在成长的路上不断自我精进

在做成任何一件事情之前，我们都会面对无数导致失败的障碍，或许是外因，或许是内因，又或者两者兼具。在这两方面中，内因的作用往往更大，它起着主导作用，决定了我们在面对外界障碍时所选择的态度。

Part 7 善用重复力：把简单的事情做到极致

在现实生活中，简单地重复着固有流程，可最终呈现出的结局并不简单。这种看起来隐藏于平淡中的力量，并不需要刻意练习，也非难以掌握，唯独需要的是我们有一颗平稳的心，而后按部就班地循着设定好的路线徐徐向前，最后即会收获一个令自己都大吃一惊的奇迹。

PART 1

做同一件事

重复能让你成为很厉害的人

不断尝试，不断探索，寻求生命中未曾有过的光彩，这种奋斗之美弥足珍贵。我们因何重复？答案就是：为的是让我们的人生变得更加饱足。

重复就是专注的魅力

重复是一种专注，专注于真正有意义的事情，也许并不会立刻就看到成果。它的力量可以将不可能变作可能，这正是专注的魅力。

法国作家莫泊桑，很小就表现出了异于常人的聪明才智。一天，莫泊桑跟舅父去拜访他的好友——著名作家福楼拜。舅父想推荐福楼拜做莫泊桑的文学导师。可是，莫泊桑却骄傲地问福楼拜究竟会些什么。福楼拜反问莫泊桑会些什么。莫泊桑得意地说："我什么都会，只要你知道的，我就会。"

福楼拜不慌不忙地说："那好，你就先跟我说说你每天的学习和生活吧！"莫泊桑自信地说："我上午用两小时来读书写作，用另外两小时来弹钢琴，下午则用一小时向邻居学习修理汽车，用三小时来练习踢足球，晚上，我会去烧烤店学习怎样制作烧鹅，星期天则去乡下种菜。"说完，莫泊桑得意地反问道："福楼拜先生，您每天的工作情况又是怎样的呢？"

福楼拜笑了笑说："我每天上午用四小时来读书写作，下午用四小时来读书写作，晚上，我还会用四小时来读书写作。”莫泊桑不解地问：“难道您就不会别的了吗？”

福楼拜没有回答，接着问：“那么你有些什么特长呢？比如有哪样事情你做得特别好的？”这下，莫泊桑答不上来了，他转而问福楼拜：“那么，您的特长又是什么呢？”福楼拜说：“写作。”

很多时候，我们自以为并没有爱好或者特长，连我们的个人简历都不知道如何填写，那上面的答案大多千篇一律。其实，真正的特长便是在专心地做一件事情之后，可以对其中的奥妙了然于心，这件事就是你的特长。

后来，莫泊桑下决心拜福楼拜为文学导师，一心一意地读书写作，最终在文学史上取得了丰硕的成果。

在这样一个处处讲求能力的时代，我们也许经常会扪心自问，到底什么才是最重要的能力？

也许你会发觉，越来越多的人开始在手上挂一串珠子，一面把玩一面不语，似乎是为了求得内心的宁静。当走在曾经喧嚣的街头，很多曾几何时在夜色中灯火阑珊的酒吧也不知何时悄悄改头换面，成了可以供人窃窃私语、小酌怡情的咖啡馆。

当下的人们，越来越浮躁。幸运的是，聪明的人类是善于思考的，那些聪明的人开始意识到这种浮躁并不是长久之态。当人们正在向一种急功近利的方向发展，追求的是金钱与欲望的最大化，并要在最短的时间内尝到甜头，这样内心满是焦虑的状态，开始让我们的幸福感降低；

那种内心的安稳，以及对于工作和生活的专注开始慢慢离我们远去。

梁启超曾说："无专精则不能成，无涉猎则不能通也。"若要在自己涉猎的领域中站在精通的高位，并慢慢实现预想的目标，离不开一丝不苟的态度。也许，当下最重要的能力就是一种控制自我内心世界，力求保持内心平静的能力。

这种能力是可以培养的。正如我们常常说的，人生就是一场修行，在这种修行里，我们的心性也是可以锻炼的。重复，正是我们锻炼心性和自控能力的一种方式。重复，可以铸就美好。培养自己拥有"重复"的能力，即是改变浮躁状态所要做的最简单、也是最难的事情。

有一个孩子，他家境贫寒，无法上学，每天都只能到山上放羊。一次次地放羊，让他发现了以往忽略了的美景。他向远处望去，只见山峦叠嶂，云雾缭绕，好一派怡人的绮丽风光！于是，这个孩子萌生了一个念头——将眼前所见的美景画下来。就这样，他走上了画家之路。可是，因为家庭贫穷，没钱买纸和笔，他只能在放羊时折些树枝当作画笔作画。不过，随着时间的推移，他画出的作品越发惟妙惟肖，最终，他成了一名出色的画家。

我们每个人也是如此，当找到了那件可以坚持专注最久的事情，也就找到了属于自己的爱好，它也将会化为我们的特长。

在人类的进化史上，猴子进化成人的这种进化方式最被广泛接受。从猴子到人，人类开始有了思想，开始明白不能再上蹿下跳地生活，也正因如此，人类一如猴子一般很难有闲下来的时间，因为一旦闲下来，思想就会飘到别处，继而无法控制自己的情绪，胡思乱想。如果没有足够的事物填补我们生活中大段的空白，就会有千奇百怪的情绪闯入我们的生活，这些情绪基本很难为我们提供正能量。

对于越来越多烦冗复杂的工作，我们并未发现，当自身完全投入其中时，往往也是对自我情绪的一种保护。我们一旦将大多数时间投入面前工作中，或者茶余饭后的爱好上时，便没时间去考虑那些钩心斗角的事情，没时间去在意所谓生活带来的迷茫。专注我们的工作，或者哪怕专注于我们沉迷的一项爱好，久而久之，它就会令我们生出无限的荣誉与自豪感。

通过聚精会神，只面对眼前事物和自我的方式，我们的个人技能和精神控制力也变得越来越强。而当我们专注于那些并不喜欢的工作时，收获的不仅仅是工作成果，同时还有对自己注意力、精神力的控制。

英国有句著名的谚语："一只狗同时追赶几只野兔，必然一只也抓不到。"同样的道理，在中国被我们演绎成了小猫钓鱼的故事，人人皆知，真正专注地去做一件事，才有可能收获到我们所期望的成果。三心二意、心猿意马，只会竹篮打水一场空。

重复的效力，不仅仅外显于我们脚踏实地的生活中，同样还存在于没有硝烟的商业战场之上。很多知名企业，就是一个个专注经营的MBA 案例，如华为的通信、格力的空调、万科的房子。

很多人在提到一些大企业时，首先会想到它们用心打造出的拳头产品，这是专注的表现。而万科，更是企业专业化经营的一张学习名片。

最初，万科是靠经营办公用品起家的，后来才渐渐形成商贸、文化、房地产、文化传播四大经营机构。单从表面上看，万科的业务在不断扩大。而事实上，当初万科的多元化常常处在一种“痛并快乐着”的状态。因为它所涉及的所有项目规模都很小，市场占有率极低。

发现问题的王石开始带领万科转型，逐步把其他项目剥离，专注房地产住宅市场，将全部的人力和物力资源集中在房地产上，这才一步步使房地产业务恢复为核心主业，从而获得了持续竞争力，最终成就了万科二十多年业绩持续增长的传奇。

有些时候，我们可能并不喜欢自己正在做的工作，所以无法专注。其实，喜欢与不喜欢，并不是成年人的处世方式。反倒是，如果你将自己的注意力全部放在一件事情上，周而复始，纵然一件事曾经在你眼里索然无味，也极有可能带给你惊喜。

不断重复能让梦想成真

如果有人问你，你重复做过什么事情？或许最简单的回答即是每天一成不变的朝九晚五和每天固定要吃的一日三餐，这些人生中的琐碎大概并不让你觉得乏味，因为在重复中，你已经习惯了，而这也是重复力量的另一种表现。

科学家图灵，是计算机逻辑的奠基者，人们现在接触到很多的人工智能的重要理论也源自他。他对计算机的重要贡献，在于提出的有限状态自动机，即图灵机的概念；而对于实现真正的人工智能，他提出了重要的衡量标准——“图灵测试”。

有人说，如果有机器能够通过图灵测试，那么它才算是一个完全意义上的智能机，和人没有区别了。图灵杰出的贡献使他成为计算机界的第一人，人们为了纪念这位伟大的科学家，将计算机界的最高奖定名为“图灵奖”。

回顾学生时代，图灵的科学天赋和求学态度就被他的家人和老师们看在眼里。那时的图灵对科学有着强烈的兴趣，却从不肯屈就于现成的理论。每一次学到新的理论内容，他总要一次次地重复着对这些理论进行试验。

1936 年，图灵来到美国的普林斯顿大学攻读数学博士学位，在这里，他的研究涉及逻辑学、代数和数论等领域。

同年 9 月 23 日，图灵 24 岁，这一天他登上了改变全人类命运的丘纳德白星航运公司的“贝伦加利亚号”。图灵的母亲斯托尼陪他坐火车，一直送他到船上。在图灵的行李中，有他最重要的珍宝，一直由母亲帮他保管，这珍宝就是装在木箱子里的一个沉重的黄铜六分仪。图灵的母亲曾回忆说：“在所有笨重的行李中，他让我拿着一个老式的六分仪箱子。”让人尚未想到的是，在接下来的两年里，图灵将加入约翰·冯·诺依曼在普林斯顿大学法恩楼的团队。

与当时著名的科学家冯·诺依曼一样，图灵的知识结构也深深受到了大卫·希尔伯特的影响。希尔伯特留下的“判定性问题或决定性问题”这个重要理论，让图灵陷入深深的思考。图灵开始考虑，在特定系统（比如，由基本逻辑或算术公理定义的系统）中，任意精确的机械程序是否可以将可证明的和不可证明的语句区分开来？这个问题尚未得到解答。

每一个涉及相关领域的人都知道，即便是提出这个问题，也需要在数学上定义机械过程的直观概念。

1935 年春天，冯·诺依曼访问剑桥期间，图灵参加了麦克斯·纽曼讲授的数学基础课程，首次注意到判定性问题。希尔伯特提出的挑战让图灵直觉地认为，只要经过反复的尝试，理论上是可以证明排斥严格机械程序的数学问题是存在的。

然而，图灵的论证直接却也并不好做，因为他要抛开所有的假设，从头开始。这也就意味着，他此前所有的重复工作都得再来一遍。

在第二次世界大战期间，曾担任图灵助理的杰克·古德说："极端独创性的一方面，就是不将庸人口中的真相视为真相。"据他称，独创性可能比智力更重要，而图灵就是很好的证明。

图灵可以在不间断的试验中发现许多问题所在，他善于使用生活中的许多具体事物（比如练习本、印刷油墨）论述和控制论证的方式，这些论证无不体现了他典型的洞察力和原创性，人们不禁纷纷赞许这个思维灵活的天才。

如果说发现问题是偶然的，那么通过问题产生的创造力则绝非偶然。1935 年，图灵开始萌发了关于研发计算机的设想，这在当时并不意味着造出一台计算机器，而是为全人类的人工智能奠定了基础，这个具有思维的机器具备了铅笔、纸张和计时的功能。图灵的想法很简单，数字是可以通过机械的转换落实于现实中的。

图灵反复试着将计算公式中的大部分替换成明确的化学成分和物理机械，实现公式可计算的真实过程。这种重复中所蕴藏的力量，往往会诱发人们看到更多乐趣。

生命原本就是不易的，但当看到了自己能感受到的乐趣，并且将这种寻找乐趣的习惯延续下去，活着就会轻松许多。其实，人类如果能够将专注用在这种对于美好事物的追求上，那么一切阻碍，看上去也并不会如所见的那样困难。

经过千百次的重复试验，图灵的第一台“图灵机”（图灵称为LCM，即逻辑计算机器）诞生了，这个机器包含一个黑盒子，能够在一条无限长的纸带上读取和书写有限字母表中包含的符号，并能改变自身的“m-配置”（m-configuration）或“思想状态”。

有人说，耐心、创造力和直觉之间的关系，让图灵开始思考密码学。因为在密码学这一领域中，如果一条电报在传播过程中被拦截，编码该电报所使用的少许创造力就能抗衡破解时耗费的大量创造力。

图灵的想法更加大胆了，他认为根据指令，图灵机可以将有意义的语句隐藏在看似无意义的噪声中。除非你知道密钥，否则很难将这些有意义的语句提取出来。图灵机也可以根据指示来搜寻有意义的语句，但是因为无意义的语句总是不计其数，比有意义的语句多得多，所以保密比较容易实现。

“我刚发现一种可能的应用，也就是我现在研究的这件事，”图灵在1936年写给母亲的信里说，“它解答了‘可能存在的、最一般形式的代码和密码是什么’的问题，同时能够让人们相当自然地建立大量的特定代码，这些代码非常有趣。其中就有一种代码：编码非常快捷，解码则需要密钥，否则将极其困难。我希望我可以把这些代码卖给英国政府，从而获得一笔可观的报酬，但是我相当怀疑做这件事情是否有悖道德。您怎么看呢？”

此时，第二次世界大战已经打响。图灵的这项举措一旦成功，将对战争起到飞跃性的改变。

早在第一次世界大战末期，德国电气工程师亚瑟·谢尔比乌斯（Arthur Scherbius）就发明了密码机，并向德国海军做了推荐，却遭到拒绝。不过在这之后，谢尔比乌斯创办了密码机股份公司来生产这种机器，品牌名称定为 Enigma。

当时，密码机的用途是为商业通信加密，比如银行之间转账。后来，德国海军改变了主意，于 1926 年采用了修改版的 Enigma 机器。其后，德国陆军和空军分别于 1928 年和 1935 年开始使用这种机器。图灵机的诞生，将图灵带进了这个密码学的领域，也让这个伟大的科学家参与到了战争之中。

1939 年 9 月，图灵加入了英国外交部的政府代码及加密学校，这所学校位于白金汉郡一块被称为布莱切利园（Bletchley Park）的土地上，与世隔绝。图灵等人的任务，即是破解 Enigma 代码。

战争开始时，大概只有两个人认为德国海军的 Enigma 可以被破解，其中一名英方要领认为 Enigma 可以被破解是因为这势在必行；而图灵认为可以破解，则是因为破解 Enigma 十分有趣。图灵对他的兴趣做了这样一番解释："没有人做这件事情，只有我自己在做。"破解海军 Enigma，就能发现威胁英国补给线的 U 型潜艇的位置，同时还可以获得更多不为人知的情报。

图灵对未来给出了令人振奋的提示。

“我问图灵，他认为一台机器在什么情况下称得上有意识，”1956年，杰克·古德曾回忆说，“图灵回答，如果他说话时前言不搭后语，机器会惩罚他，那么这台机器就是有意识的。”

图灵此时的观点是超越那个时代的，而这种超越时代的观点，是需要巨大的付出才能实现的。随机搜索可以比非随机搜索更高效，古德和图灵在布莱切利园时就发现了这一点。无论是神经元、计算机、文字还是思想的随机网络，都包含了解答无须明确定义的问题的方案，它们等待着人们去发现。找到明确的答案比提出明确的问题要容易，这使得程序员的工作颠倒过来。

1958年，古德曾向IBM建议道：“一种支持建造具有初始随机性的机器的看法是：如果它足够庞大，就会包含需要的所有网络。”

众所周知，搜索引擎并不是一次学习一个人的智慧，而是同时搜集学习集体的智慧。每次执行搜索，都会找到一个答案，这就为某个意义的碎片所在留下了微弱而持久的痕迹。这个道理后来被更多的互联网人所熟识，然而它却诞生于图灵百折不挠的试验过程中。

随着碎片的不断积累，到了某一时刻，正如1948年图灵所说的，“机器已经‘长大’。”机器长大了，图灵也成功了。

图灵的成功，不仅仅是对密码学的破解，也并不是他对计算机和搜索引擎做出的奠基，而在于他用他的行动带领人类跨入了新的时代。

重复，不是死钻牛角尖，也绝不是要老实本分地只看准眼前这件事，忘记抬头看看窗外的世界。每一个成熟的工匠，都不是靠着自己的灵感而活着的，最终让他们手中的艺术绽放出生命之光的，绝对是他们那份对于工作的执着与专注。

有时候，我们会忽略这些关于重复的力量，然而正是这些专注于精益求精的态度，让我们认识了什么才是本该属于我们的果实。

简单的事情重复做，就会不简单

我们都知道，简单的事情重复做，就会变得不简单。这其实是一个由量变到质变的过程，量的积累并无特别之处，这个过程是枯燥乏味的，甚至带有一种“冒傻气”的味道。可谁能否认当量的积累达到某一程度，即达到临界点时，会产生难以估量的巨大能量呢？

1955 年的美国亚拉巴马州是美国当时最宜人的联邦州之一，这里富饶的土地孕育出了蒙哥马利市。独特的文化不仅仅在于这里的艺术元素，同时还因为这里也是当时种族隔离最严重的城市。没有人真正地去判断这里的规则是否正确，只是这里的法律很明确地要求公交巴士上非裔美国人要给白人让座。

就在 12 月 1 日这个下午的 6 点，有一位名叫罗莎・帕克斯的非裔女裁缝，拖着疲惫的身体离开了办公室，接着她登上了一辆公交车。汽车行驶一段之后，已经坐满了乘客。许多后来上车的乘客也没有一个座位可坐，这时候公交车的司机詹姆斯・布莱克看见了坐在座位上的女裁缝，由于法律的规定和一直以来的习惯，司机起身要求正在座位上休息的女裁缝站起来，为一名壮年白人乘客让座。这样的一幕并不陌生，在这里，曾经有无数的黑人被司机喝令着，默默起身，遵照当地法律，被迫将座位让给并非老弱残孕的白人。

在当时的蒙哥马利市内，公交巴士的前四排是供白人坐的。而按照所谓的“规矩”，如果没有白人乘客站着时，黑人有权利坐在前四排以后的位子。但如果前四排坐满了乘客，那么这些没有地位的黑人就必须起来给白人让位。更为荒唐可笑的是，如果白人多到挤不下，连站着的地方都没有，那么这些可怜的黑人就得下车。

法律尚且不够健全，社会大环境也没有对黑人有明显的尊重。几十年来如一日，黑人们甚至不可以穿过白人座位间的过道而走到自己的座位上。如果前排已经坐了白人，黑人必须在前门付费，而后从车外走到后门上车。经常出现的情况是，很多黑人乘客买票后还未来得及到后门上车，巴士便突然启动抛下他们。

这一切的规矩，都被一字一句地写在了城市法规当中，绝大多数黑人只有默默忍受，仿佛人生而平等只是一句高高在上的笑谈，面对那些冷漠的规矩，除了仰视和遵守别无他法。

女裁缝罗莎在公交巴士上受到不公的对待，已经不是一两次了。回顾自己的人生，早在 1943 年她第一次乘车时便已开始。那是她第一次坐巴士，而驾驶员正是此时喝令她让出座位的詹姆斯·布莱克。那次她买票后，詹姆斯令她绕到后门上车。更为戏剧化的是，罗莎在离开前门时，不小心将钱包落下了。但是碍于规定，她只好在后面坐下，等待前门上车的白人乘客帮助她把钱包拾起。

此种极端“傲慢无礼”的行为，居然令司机詹姆斯愤怒不已，他粗暴地将她撵下车，接着开车离去。当时，外面正下着雨，罗莎不得不步行8千米回家。

然而这一次，面对让座的要求，受够了的罗莎纹丝不动地坐着，她拒绝让出自己的权利。当她说出“不”的时候，也许并不会想到，她数年后会被美国国会授予“现代民权运动之母”的称号。

如果不是罗莎的坚持，也许现在的美国仍旧实行着那种不公平的法律。也许美国并没有足够的底气说出“人权”这样的字眼。也许，那份人类之间应该相互给予的尊重和人类所表现出来的风度和优雅，就并不会出现。

那天傍晚，罗莎被警察以“行为不检”的罪名逮捕，这项罪名是违反蒙哥马利城市法规第6章第11条，同时，罗莎还被罚了一张10美元的罚单与4美元的法庭审判费。尽管遵守了法律章程的罗莎很快便被保释，但事情并未就此结束。

遭到逮捕的几天后，罗莎并不能接受这样一个不了了之的结果。当地民权运动领导人和黑人领袖们讨论过后，在亚拉巴马州立大学一位教授的帮助下，准备行动起来。就这样，3万5千份传单被连夜印刷出来，内容是进行一天的巴士抵制运动。第二天，传单传遍了蒙哥马利的大街小巷，巴士抵制运动从此拉开帷幕。

蒙哥马利的黑人执着地开始拒绝搭乘巴士，改为步行出行。那些公交巴士上再也见不到黑人的身影，当他们迈着铿锵有力的步伐走过蒙哥马利的每条街道，对巴士视而不见的时候，那份为了维护自我权益的执着使得他们在面对上流社会的白人们时更显得优雅从容。公交公司的运营逐渐吃力起来，因为黑人差不多占据当地全部乘客的 3/4，如果他们不乘车，对公交公司而言无异于一场灾难。

原本，只打算进行一天的巴士抵制运动轰轰烈烈地继续着，日复一日。黑人们集体抵制巴士的行动使得蒙哥马利公交公司迅速陷入了亏损状态。公交巴士抵制运动开展后的一个月，蒙哥马利公交公司就向蒙哥马利市长申请紧急财政补助，以维持处于亏损状态的公交服务。

在这期间，蒙哥马利的黑人曾遭遇过白人交警和保险公司的刁难，不过，即使面对被解雇和 3K 党的威胁，所有黑人仍重复着最简单的事——走路，为平等的权利，更为每个人与生俱来的自由。一名女性抵制者骄傲地说道："我的双脚十分疲倦，但我的心灵却十分安宁。"

这场规模空前的民权运动持续了整整 381 天。历史上的这段时间，每一天，每一位蒙哥马利的非裔美国人，都在不断重复的步行中度过，官司也从蒙哥马利地区联邦法庭一直打到美国最高法院。

重复又执着的力量是巨大的，其使得美国最高法院终于在 1956 年 11 月 13 日废止了公共汽车上的种族隔离政策，并宣布其违反宪法。故事的最后是喜人的，蒙哥马利巴士抵制运动的参与者于 1956 年 12 月 20 日正式结束了他们的抵制运动，黑人陆续回归公交车，而处境早已大不相同。黑人们用自己的执着换回了生而为人应该得到的权利，也同样对白人给予了原谅和宽容。

1956 年 12 月 26 日的《纽约时报》中写道："黑人们从前门上车，坐在前排的空位上，他们不为白人起立。白人们尴尬地坐在他们旁边。"要知道，在一年之前，他们还需卑微地为白人让座、被赶到后门上车，甚至因本就不公的法规而被捕。

人们不断重复着简单又困难的行为，简单是因为这行为做起来举手可行，困难却是因为，在这个过程中他们要承受着无比巨大的心理压力，同时还要面对着环境的挑战。这一切都只为一个简单的目标——让一切变得更好。

把小事放大看，世间从无小事，而任何一种成功，也都是透过质与量的交互过程所呈现出的一种优雅的执着。

我亦无他，唯有熟尔

重复，是让简单的事情变得不简单，也是让陌生变熟悉的过程。生而为人的我们，所具有的一切技能都得益于重复。在循环不息的重复中，我们可以掌握更多技能。

明朝初年，大明边境屡遭中国北方女真、蒙古骑兵的骚扰。为了保卫国家的稳定，明朝万历皇帝下令整修万里长城。

当时，有“天下第一关”之称的山海关年久失修，“天下第一关”的题词中，“一”字早已在风吹雨淋中没了踪迹。为了补全题词，朝廷特意向全国书法家发出号召，希望能够借他们之手还原山海关的题词。一声令下，来自全国各地的书法家纷纷摆开架势，然而最终却没有人能够写出“天下第一关”原有的韵味。

万历皇帝偏偏是个不达目的不罢休的人，他向全国下旨：无论何人，一旦中选，赏黄金百两。在重赏之下，参加的人更是络绎不绝，最终还真的找到了还原度百分之百的人。在众多名师大家中脱颖而出的这位，不是专业人士，而是山海关下一家客栈的店小二。

得知此事后，万历皇帝颇为震惊，他传旨召见这位店小二，并问他，“你倒讲讲为什么你能写出如此逼真的‘一’字啊？”面对皇帝的提问，店小二格外紧张，他定了定神回答道：“我每天早上拿着抹布弯腰清理桌子上的油污时，视角正好对着‘天下第一关’的‘一’字，于是，我便不由自主地拿抹布当作笔，照着山海关上‘一’字的样儿，天天看，天天擦着写，天长日久，这‘一’字便烂熟于胸，用笔一挥，就写得和‘山海关’的‘一’一个样儿了！”

万历皇帝听罢，大笑道：“呵呵！原来你掌握了临摹写字的诀窍——熟能生巧啊！”

熟能生巧，是重复之力的最佳体现。每一个技艺高超的工匠，无一不是经过千锤百炼的，他们在无数次的练习中重复着同一个动作或只做一件事情，这使得他们对手上这个动作或这件事胸有成竹，甚至到了无须太在意便可以做到尽善尽美的程度，当真是游刃有余。

从前，有一个叫作丁的厨师，他负责为梁惠王宰牛。他的宰牛技术相当了得，凡是手碰到的地方，肩膀、脚、膝盖碰到的地方，纷纷发出皮与骨分离的声音。等刀子进去后，这声音更大，而且神奇之处在于，声音可以与《桑林》《经首》两首乐曲伴奏的舞蹈节奏相吻合。

梁惠王说：“嘻！好啊！你的技术怎么会高明到这种程度呢？”

庖丁恭敬地回答道：“臣下所探究的是事物的规律，这已经超过了对于宰牛技术的追求。当初我刚开始宰牛的时候，对于牛体的结构还不了解，无非看见的只是整头的牛。三年之后，见到的是牛的内部肌理筋骨，再也看不见整头的牛了。现在宰牛的时候，臣下只是用精神去接触牛的身体就可以了，而不必用眼睛去看，就像视觉停止活动了而全凭精神意愿在活动。顺着牛体的肌理结构，劈开筋骨间大的空隙，沿着骨节间的空穴使刀，都是依顺着牛体本来的结构。宰牛的刀从来没有碰过经络相连的地方、紧附在骨头上的肌肉和肌肉聚结的地方，更何况股部的大骨呢？”

庖丁顿了顿，继续说道：“技术高明的厨工每年换一把刀，是因为他们用刀子去割肉。技术一般的厨工每月换一把刀，是因为他们用刀子去砍骨头。现在臣下的这把刀已用了十九年了，宰牛数千头，而刀口却像刚从磨刀石上磨出来的一样。牛身上的骨节是有空隙的，可是刀刃却并不厚，用这样薄的刀刃刺入有空隙的骨节，那么在运转刀刃时一定宽绰而有余地了，因此用了十九年而刀刃仍像刚从磨刀石上磨出来一样。虽然如此，可是每当碰上筋骨交错的地方，我一见那里难以下刀，就十分警惧而小心翼翼，目光集中，动作放慢。刀子轻轻地动一下，哗啦一声骨肉就已经分离，像一堆泥土散落在地上了。我提起刀站着，为这一成功而得意地四下环顾，一副悠然自得、心满意足的样子。拭好了刀把它收藏起来。”

听罢，惠王连连称赞道：“好啊！我听了你的话，学到了养生之道啊。”

庖丁解牛的故事有着不同的道理延伸，但谁能否认，这不是一种对重复的力量的完美诠释呢？厨师丁经过无数次的重复，对于宰牛已做到了手到擒来，就如他所言，他依靠的是精神意愿在宰牛，而非简单的运刀。

这种能力的具备自然并非一朝一夕，可细细去辨析厨师丁的技法会了解到，他不是因为天赋异禀，也不是精通常人所无法掌握的方法，唯一的方法，即是无数次地练习、重复——这种人类最基本的技能，成就了厨师丁的高超技艺。

陈尧咨，号嘉谟，箭术精良，堪称举世无双。拥有如此高超的箭术，他自然感到非常骄傲，时不时地便会对外人夸耀自己的本领。他常说的一句话就是：“我的箭术没人比得上。你们有谁愿意跟我比比看啊？”面对他的扬扬得意，跟随他学习箭术的年轻人纷纷对他大加恭维，挑些顺耳的好话说于他听。

有一天，他与徒弟们在院子里练习射箭。这时，一个卖油的老翁正巧路过此处，便饶有兴趣地看他们练习。陈尧咨举起弓，搭上箭，连发十支箭，箭箭正中靶心。在一旁观看的徒弟们不停地拍手叫好，一脸得意的陈尧咨对老翁说：“你看怎么样？”老翁微微点头，却没有任何夸赞的话。

看卖油翁一副淡然的样子，陈尧咨有些不悦，他问道：“喂，你这个老头也会射箭吗？”

老翁答道：“不会。”

陈尧咨继续问道：“那么是我的箭射得不好吗？”

老翁平静地说：“好是好，不过，这只是一平常的技术罢了，并没有什么了不起。”

在一旁的徒弟们听了这话，忍不住上前说道：“老头儿，你说的是什么话？竟然这样侮辱我们师父。你知不知道我们师父的箭术，没人能比得上。你简直太看不起人了。”

老翁笑道：“年轻人，你先别生气，我说的是真话。你的箭术的确平常得很，没什么值得夸赞的。”

此话一出，徒弟们更激动了，说道：“老头儿，听你这么说好像很内行，那你就露两手给我们瞧瞧。不服气就比划比划。光说不练你有个什么用！”

老翁说：“小兄弟，这射箭的本领我可没有，不过让我倒油给你们看看。”

他的提议遭到了众人的一番嘲笑：“倒油，这还用得着你这个老头来表演吗？倒油谁不会？别开玩笑啊！”

老翁沉默不语，默默拿了一个葫芦放在地上，随后在葫芦口上面放了一枚有孔的铜钱。然后舀了一勺油，比量一下，油勺轻轻一歪，油便呈一条细线状，直直流入葫芦里。倒完后，铜钱上竟然没有一丁点儿的油。

在众人的惊讶中，老翁谦虚地说道：“这也是一种平常的技术罢了，也就是熟能生巧的道理啊！”

陈尧咨听后，感到非常惭愧。自此，他专心练习射箭，再也没有夸耀过自己的箭术是如何了得。经过长期的努力，他的箭术更加精湛，也赢得了他人的尊敬。

我亦无他，唯有熟尔。世上那些看上去很玄乎的技能，其实归根到底，只是足够熟练罢了。就如杂技表演者、魔术师、驯兽师，他们的表现实在让人惊叹，可也仅仅是技法的熟练。不过，我们却不能否认他们在这个过程中付出的辛苦，这份付出中，也即裹藏着重复的力量。

把不可能变成可能

“不可能”在我们生活中出现的次数很多，有时的确是我们无能为力，但多数时候，却是我们主观努力的欠缺导致的。从不可能到可能，到底有多远的距离？这并不能用准确的数字表示。不过，只要我们善于重复，懂得了重复的奥义，那么一切都将在可能中出现。

在日本寿险业，原一平是一个声名显赫的人物。当时全日本有20家寿险公司，出类拔萃的业务员数不胜数，可声名最为显赫的便是他，可谓是无人不知、无人不晓。他被誉为“推销之神”，这得益于他在日本保险业连续15年保持着全国业绩第一的成就，他仅在3年内便创下了全日本第一的推销纪录，到43岁后，他的冠军头衔就未曾易主，同时，他连续17年推销额达百万美元。

1964年，世界权威机构美国国际保险经理人协会，为原一平颁发了“学院奖”，这是全球推销员的最高荣誉，意在表彰他在推销业所取得的成就。原一平是明治保险的终身理事，业内的最高顾问。而他身上最为闪亮的一点，即是笑，他的笑被誉为“价值百万的笑”。

1976年，他被日本天皇特别授予“四等旭日小绶勋章”，甚至让当时的日本总理大臣福田赳夫都艳羡不已，他曾慨叹道：“身为总理大臣的我，只得过五等旭日双光勋章。”

那么，原一平缘何要苦练微笑呢？他认为，笑容在推销活动中有众多好处。“一，笑容是传达爱意给对方的捷径；二，笑具有传染性，你的笑容可以引起对方笑并使对方愉快；三，可以轻易地消除二人之间严重的隔阂，使对方门扉大开；四，笑容是建立信赖关系的第一步，它会创造出心灵之友；五，笑容可以激发工作热情，创造工作成绩；六，笑容可以消除自己的自卑感，弥补自己的不足；七，如能将各种笑容用为己有，了如指掌，就能洞察对方的心灵；八，笑容能增进健康，增强活动能力。”

在原一平看来，婴儿般天真无邪的笑容最具魅力。为此，他不断练习，直到拥有了与婴儿的笑容差不多的微笑时才停止。他练习的步骤是，首先检查自己的笑容有多少种，然后列出各种笑容要表达的心情与意义，最后再开始练习。

在他的总结下，38种微笑跃然纸上，分别是：发自内心的开怀大笑；感动之余，压低声音的笑；喜极而泣的笑；交谈时，取悦对方的妩媚之笑；逗对方转怒为喜的笑；安慰对方的笑；哭在心里，笑在脸上，那是种虚伪的笑；岔开对方话题的笑；消除对方压力的笑；充满自信的笑；发愣之后的笑；表现优越感的笑；重修旧好的笑；两人意见一致时的笑；吃惊之余的笑；意外之后的笑；嗤之以鼻的笑；折磨对方的笑；

挑战性的笑；大方的笑；含蓄的笑；夸张的笑；逼迫对方的笑；假装糊涂的笑；心照不宣的笑；含有下流味道的笑；微笑；满足时的笑；遭人拒绝时的苦笑；压抑辛酸的笑；无聊时的笑；话中带刺的笑；郁郁寡欢时的笑；热情的笑；冷淡的笑；自认倒霉的笑；使对方放心的笑。

实际上，原一平的推销之路并非一帆风顺，起初，甚至可以用“惨淡不堪”来形容。他回忆说：“我的自身也毫无气质与优势可言。在那段艰难的日子里我并没有自怨自艾，生活虽然向我露出狰狞的面孔，我依然用微笑对付它，因为我始终坚信，生命的天空总会有晴朗的一天。”

为了练习得体的微笑，他假设各种场合与心理，自己一个人对着镜子反复练习面部表情，直到他的微笑让别人看起来是自然的、发自内心的真诚笑容。他认为“笑必须从全身出发，才会产生强大的感染力。”因此，他找来一个能照出全身的镜子，利用闲暇时间日夜练习。有时候，他在路上也会练习大笑，行人不明所以，还以为他是神经病。甚至，在梦中都不忘微笑，经常笑醒。

功夫不负苦心人，经过一番苦练后，他通过微笑就能表现出不同的情感反应，也可以用他的微笑感染对方。

有一次，原一平拜访一位客户，事先了解到这位客户性格内向，脾气古怪。见面后，从对话中更能看出他的情绪起伏不定。

原：“你好，我是原一平，明治保险公司的业务员。”

客户：“哦，对不起，我不需要投保。我向来讨厌保险。”

原：“能告诉我为什么吗？”他微笑着说。

客户："讨厌是不需要理由的！"他忽然提高声音，显得有些不耐烦。

原："听朋友说你在这个行业做得很成功，真羡慕你，如果我能在我的行业也能做得像你一样好，那真是一件很棒的事。"

客户："我一向是讨厌保险推销员的，可是你的笑容让我不忍拒绝与你交谈。好吧，你就说说你的保险吧。"

经过一番谈话，原一平意识到，客户并非讨厌保险，而是对保险推销员不满。认识到这个问题后，他在接下来的谈话中始终保持微笑，这让客户如沐春风，谈话的氛围渐入佳境。最后，客户愉快地在单子上签上了他的名字，随后与原一平握手道别。

每一种成功都含着独特的因素，却无法逃离出"重复"的范畴。当我们尝试着迈出走向成功的第一步，接下来需要做的即是无限重复，以一种孤独的姿态上路，慢慢积累，叠加自身能量的高度。

不断尝试的收获

人生充满磨砺，更充满机遇。磨砺往往更像是储备，为的是抓住机遇，抑或是创造机遇。而在这之前，不断地尝试总是必不可少，我们总得率先了解自己更擅长在哪类工作中出彩，才能有的放矢。

值得一提的是，每一次尝试都未必意味着成功，可在这个关键的节点，我们到底是就此放弃，还是继续探索，就显得尤为重要了。倘若我们有幸了解“重复的力量”，起码知道真正的“重复”到底是什么，结局或许就大不一样了。

汽车之家的创始人李想，成名已久，他的经历始终围绕着“汽车”两个字。1999 年，辞职做起 IT 资讯网站；2005 年，资讯网站开始锁定在汽车方面；2012 年，汽车之家的收入超 10 亿元，正在积极准备上市。

触控科技创始人陈昊芝，是与李想相识十几年的老朋友，同样坚持创业，近两年来因为《捕鱼达人》才被大众所熟知。1999 年起，他不断参与、创办或投资公司，如卓越网，一家电商网，联众，游戏点卡销售公司，爱卡汽车网，一家SNS社区网站，译言，盛世收藏网等，有的是以失败告终，有的是中途放弃，直到2011年，《捕鱼达人》上线，让他尝到了成功的滋味，据保守估计，他2013年收入在10亿元左右。

陈昊芝说："我跟李想十几年前就认识，就做个人网站而言，他是我小弟。他是把一件事干了十几年，我是十几年干了很多事。"

有些人常会问一个问题，那就是如果陈昊芝此前没在其他领域折腾那么久，而是直接投身移动游戏创业，如今是不是可能取得更大的成就？对于这个问题，陈昊芝认为，没有之前的折腾和失败，也许也就没有如今的成功。事实上，有了之前的不断尝试，才有了最后的质变。

李想与陈昊芝有相同，也有不同。李想是一直扎根在产品资讯领域，而陈昊芝是不断在不同领域寻求契机，相同之处在于，二者都是在不断尝试，不断积累。

周鸿祎同李想、陈昊芝一样，都经历过屡战屡败、屡败屡战的过程。周鸿祎创建的"360"突破一百亿美元市值，成为当时仅次于BAT三大家的互联网公司势力。

周鸿祎早先做"3721"，随后卖给雅虎，而这次出手被他称为是"百亿美元的教训。"一气之下，周鸿祎离开雅虎，开始做VC风险投资。起初，360侧重于搜索、社区等，然而无一幸免于失败。周鸿祎真的失败了吗？并没有，他正在挫折中为360积攒实力。

2010年，"3Q大战"，360叫板腾讯，展现了360的实力。与李想、陈昊芝和周鸿祎一样的，还有雷军。

雷军是励志的典型，当了20年老板，却始终处在半死不活的状态，搞得整个人甚是疲惫。40岁时，“洗心革面”再出发，重新创业，打造出了一个与众不同的崭新模式。他花了三年半的时间，创办的小米科技公司达到百亿美元市值，一跃成为行业内的佼佼者。雷军可谓是大器晚成，他资格老，人聪明且勤奋，却用了二十多年时间打酱油，许多人为他感到可惜，殊不知，正是由于那二十多年的积淀，他的“尝试”才出了大成果，才有了全新的雷军和小米。

显而易见，这些成功者都无一例外地选择重复性的尝试，最终才收获了另一种人生果实。人生需要不断地尝试，在这个持续不间断的过程中，能始终坚持不放弃者，或者不安于现状，积极进取者，都将在重复中得到精神层面的慰藉和物质上的回馈。

杨扬前后共参加三届冬季奥运会，斩获两金两银一铜五枚奖牌，是中国冬奥历史上的首位冠军得主，一举打破了中国冬奥史上金牌“零”的纪录。她的运动生涯达二十余年，期间，获得世界冠军59个，成为中国至2008年为止获得世界冠军次数最多的运动员。

经过二十余年的南征北战，杨扬终是到了退役的时候。退役后，她在2010年当选为国际奥委会委员，也是第十位担任国际奥委会委员的中国人。

实际上，运动员退役后，要面临转型问题，要告别熟悉的赛场，走上新的职场。对于这个问题，杨扬表示：“成功不能单看成绩，还要看状态。我也有差不多一年的时间比较彷徨，失去了方向，我的经验是不断尝试。我当时有3点要求：做自己喜欢的事情，做自己力所能及的事情，做自己应该做的事情，要有社会责任感。”

为了能够通过不断尝试找到新的定位，杨扬去清华大学补充知识的营养，以便为自己更好地转型做铺垫。随后，杨扬开始经营自己的飞扬冰上运动中心，立志于在冰场的商业化运行上开拓一条属于自己的道路。她说：“对于我来说，滑冰是我的专业，我当时有一个愿望，希望有一个自己的滑冰学校，希望自己的特长能得到延续。23年的运动生涯，我知道体育给我带来了什么。专业也好，理想也好，我会努力去推动这件事情。”

杨扬的人生重点除了放在飞扬冰上运动中心之外，也同样心系中国申办冬季奥运会的进程，她说“希望有朝一日在国家申办冬奥会的过程中发挥自己的作用。”为了更好适应自己的新角色，杨扬不断开阔自己的眼界，多积累，多尝试。

杨扬说：“我很幸运，当了委员正赶上新任主席的竞选。我刚开始不知道如何应付这些拉票，我向老委员讨教，学会了发问：你用什么来说服我，我也学会了如何去争取我们自己的权益。在这个过程中，我也积累了很多经验，譬如以后我们要申办冬奥会，如果我有幸参与，我就知道怎么做、怎么去拉票，可能效果更好。”

PART 2

工匠精神

重复的事情用心去做

一颗不为外事搅扰的心，是无价的。守住自我，不畏外人异样的眼光，在自己的世界里“虚极静笃”，安心重复，用大师的品格塑造内心的坚强，做一个人生的匠人。即便外界几度浮沉，那也只是窗外的风景，而最美的风景则在自己埋头所做的事情里，在自己那颗执着而专一的内心当中。

用心打磨才能创造奇迹

因为要让残缺变得完美，所以很多人会在已选定的方向精耕细作，以达到某一物质领域或精神层面的毫无瑕疵，这样的心思，催生的是一种来自心底的细腻和温和，而后带着这样的情感，倾注于衷心之事。

我们都知道，在鱼米之乡的江南，丰富的降水使得那里产生了从不随意弯折而富有尊严的一种植物——竹子。南方产竹，因此竹编技艺在此得到了很大程度的发展，这些竹子大多来自经验丰富的匠人之手，从简单直白的一种材料被加工成精美的工艺品，被人们馈赠或买卖。

现在，因为这些精通竹编技艺的匠人数量骤减，竹编制品价格也越来越高。如果你喜欢旅行，在那些仍旧古朴的小镇，你会看见靠手艺吃饭的手艺人。簸箕、挂篮、筐箩，这些藏在小镇的文化元素有足够的理由成为中国的文化遗产，而守护它们的，正是那些仍然在小镇开一爿小店的手艺人。这些东西的创作者们大多数都年过半百，他们经历过中国的巨变，却一直平静安稳地活在小镇之中。

几十年的竹制品编制工作，使得他们手上已经布满老茧，而在最初制作这些东西时，他们大多只是为了生活。这些竹制品被拿来当自家使用的生产工具，抑或是进行买卖交易，贴补家用。

然而，在这个科技飞速发展的年代，人们生活的节奏快了，生产方式也大多趋向于高效率的机械操作，很少有人会坚持着，依旧做着这种已经成为一代人记忆的手工活儿。

很难相信这些精致的竹制品全部是纯手工编制的，59 岁的老工匠罗叔就是匠人之一。

在古镇的一家小店，竹制品编织工匠罗叔曾经说过："当时还年轻，(我）没工作做，就做些给老婆卖，我也卖，两公婆做下，挣些小钱。平时在旁边偷师学下，自己模仿着做下，鸡笼这些东西都是自己织的。"

和罗叔一样的手艺人有许多，他们其中大部分人都是制作竹器的世家，罗叔的手艺便来自父亲，他的几个兄妹中，只有他一人始终坚持做。

当初，罗叔在榨油厂上班，后来，工厂倒闭，他走了编制竹制品之路，慢慢地练就了一双不怕竹刺的"神手"，他讲述着自己看似平凡却需要极大耐心的工作："最先要削篾，削篾后就打个底，由底部往上织，打完底就插两条篾往上编织，织到差不多够位了就疏梳。"

罗叔手艺娴熟，一天可以织两个鸡笼，花 4 小时就能织一个簸箕。看上去这样的产量并不高，他却每年如一日地重复着这种工作，直到现在，每天做点竹制品已经成了他的习惯。

手工制作的竹制品用料足，耐用又结实，而且美观厚重，但比机器制作的成本要高。对于这样的工作，罗叔如数家珍地讲着它的好："角度啦，手工做的簸箕从角度都能分辨出来，有几条竹篾隔着；机器制的周围是疏的，它用铁丝扎。我又扎铁丝，然后用胶扎紧，这个铁丝一断就散了，我这个即使铁丝断了还有胶封住的，很少坏，耐用啦。"

没有抱怨和烦躁，这个手艺人的脸上更多的是平和与恬淡。"To the time to life，rather than to life in time." 正像这句英文说的，给时光以生命，而绝非将生命硬塞进时光里。

当我们忙着旋进生命这场修行的旋涡中时，用些许时间来学会品尝生活带给我们一次次看似相同又截然不同的经历时，或许就像抓住了一块可以免于沉溺的木板，在这块木板的带动下慢慢重新驶入生活的新航道。

曾经有一个将军凯旋，却马上要被派去另一个战场。途中遇见了一个传教士，将军看着为乞丐施舍粥饭的传教士，突然觉得自己做的事情那么没有意义，他一次次地奔赴沙场，带来的是战争和死亡，而传教士却带来温暖与爱。于是，将军下马问传教士："我征战沙场，叱咤风云，如今凯旋竟然感觉不到胜利的喜悦，我看见了你，突然觉得我的生命已经完全没有意义可言了。"

"你等等，我要先给这些人分过饭再和你说!" 传教士回答完就继续去重复地工作。将军坐在一旁，这一天里，他看见来来往往的人们，都带着笑脸离开，而传教士只是安静地做着重复的工作，却一直耐心地保持着微笑与谦和。

晚餐过后，传教士结束了一天的工作，将军终于有空和传教士说话了，传教士看着皱眉的将军，又看了看天空，只见满月在天空中闪亮，四周环境非常宁静。

“你看月亮在天空与星星共处，而它们的光芒虽微弱，却依旧可以穿越整个苍穹，等到明天，太阳将会再次普照大地。你要知道，阳光会明亮得多，而且可以让我们看到身边的景观细节：树木、高山、云彩等。我对它们已经观察多年，却从未听到月亮说：为什么我不能像太阳那样光亮呢？如果不能那么亮，那么我存在的意义在哪里呢？”

我们是否也与将军一样，对自我产生怀疑和困惑？但这并不是我们就此停滞不前的理由。太阳与月亮，各有各自的位置，各有各自的能量，也各有各自的责任。安然于自我的世界里，静心处世，把生命之美编制成具象模样，带给他人以幸福和安稳，这种人生层面的专注，也才是真正有意义的“重复”吧。

失败后，再试一次

重复，并非千百次失败后的负能量重复。作家李银河曾说，人生有三乐，恋爱、读书和写作。纵然你不是文艺青年，无法做到在生活一次次的打击面前还看到那么多浪漫小清新，可是妥协于生活这部偶像剧的结局，也不是一种人生该有的姿态。很多时候，成功之前有着无数次的失败做积累，关键看我们是否可以坚持到下一次。

“还有什么比山德士上校烹饪的南方家庭美食更正宗的呢?”这句话被写在一个笑眯眯的老头形象旁，他就是肯德基的创始人哈兰·山德士。

哈兰·山德士62岁时才创立了肯德基快餐品牌，这个已经风靡全世界的快餐连锁品牌背后蕴含了太多的来之不易，而只有肯德基的创始人才能真正明白成功需要付出多少艰辛。在全球顶级的品牌中，把自己的头像作为LOGO的并不多，哈兰·山德士算是做得最成功的。

哈兰·山德士是这个世界上最知名的“上校”，在超过100个国家的14000多个连锁店里，都可品尝到“他”为各国食客烹饪的美味快餐。在肯德基标志性的 LOGO 里，这个老头一身白色的西装和同样白色的山羊胡子，让很多喜欢肯德基味道的食客倍感亲切。而哈兰·山德士的成功，与他年轻时的经历密不可分。

1890 年，哈兰·山德士出生于美国中部印第安纳州一个普通的农场中，这个在山野田间长大的孩子有着平凡而朴实的童年。他原本平静的生活在 6 岁时被打破了，父亲在这一年骤然去世，为了维持生计，他的母亲不得不白天跑到当地一家罐头厂去削土豆，晚上回到家还要帮人家缝缝补补贴补家用。

哈兰·山德士作为家中的长子，将一切看在眼里。他主动承担起了照看两个弟妹的任务，并开始学着为母亲分忧解难。

为弟妹做饭，俨然成为哈兰·山德士人生中的第一堂烹饪课，只是当时没有人想到这之后的他走上了烹饪之路。

据说，聪明的小哈兰·山德士在一年后就学会了做 20 多道菜，成为小有名气的“小厨师”。在他 10 岁的时候，为了赚钱养家，不得不放弃自己的学业。辍学之后的他去了一个农庄做起了零工，不久，为了得到更多的薪水，他申请成为农庄的全职工人。这份工作一做就是两年，尽管两年之后，哈兰·山德士的母亲再次出嫁，但他却没有选择与母亲一同前往新环境生活，即便那时的他，每个月的薪水只有微不足道的 15 美元，可他仍喜欢这种独立的生活。

时光匆匆流逝，3 年的时间让哈兰·山德士成长了不少。他开始尝试离开这个生活多年的地方，前往美国的东北部打拼。在纽约州，哈兰·山德士做过很多不同的工作，销售、文案、秘书，这些工作都让他感受到了生活的艰辛。

后来，哈兰·山德士加入了美国陆军的队伍，还被派去古巴兵站服役了一年的时间。其后，为了改善自己的生活，哈兰·山德士开过工厂、当过雇员，也曾就任于政府的机构里。这些年，他的足迹几乎踏遍了整个美国，可却没有一件事情能够让哈兰·山德士孜孜不倦地做下去。

屋漏偏逢连夜雨，正四处谋求生计的哈兰·山德士遭遇了美国历史上有名的1930年经济大萧条。那个年代，连找一份养家糊口的工作都已经很难，更何况哈兰·山德士还想做一份事业呢?

虽然已近40岁的不惑之年，但是哈兰·山德士依旧有着年轻人少有的斗志。这一次，他准备在肯德基州车辆来来往往的25号公路边上开一个加油站。在这样的经济危机里，一个加油站不光能维持收入，还是一个可以帮助行人吃饱饭的最佳选择。

善良的哈兰·山德士和妻子、孩子一起动手，全家同心协力，走出了在快餐领域可以成为奠基石的第一步。做家庭美食休闲驿站并非什么难事，几张桌子，几把椅子，加油站里的饮食区就这样诞生了。这个其貌不扬的小吃点，也成为今日肯德基遍布全球的快餐帝国的第一起点。哈兰·山德士家的各种美食不断送到世人面前，其中就有我们现在吃到的肯德基里供应的炸鸡雏形。

然而，随着第二次世界大战的爆发，政府为了将石油供应集中在军事上，许多私人加油站都必须关门。如此，哈兰·山德士刚刚稍显起色的小加油站被迫关门，以及那个被过往旅客所青睐的小吃店也不得不歇业，这突如其来的变故让哈兰·山德士一家人再次陷入对生计无所适从的困境。要知道，为了开加油站，全家人已经欠了一笔不小的外债。哈兰·山德士背负着这笔巨大的欠款，一时间手足无措，那时的他已 50 多岁，正应该是儿孙满堂的年纪，却不得不靠每个月仅仅 105 美元的救济款维持生计。

哈兰·山德士知道，想改变命运，必须靠自己。既然自己之前的家庭炸鸡那么受欢迎，不如将炸鸡配方卖给别人。很快，哈兰·山德士联络到了犹他州一家餐厅，餐厅老板表示，每卖出一份炸鸡，将会付给山德士五美分的提成。哈兰·山德士一看，觉得自己不如再出去试一试，可能别的饭店也愿意如法炮制呢！就这样，哈兰·山德士走上了创业的征途——这一次，他带着自己的烹饪工具和一个装满秘制调料的桶子，开着自己的老福特上路了。

有人曾看到，白发苍苍的哈兰·山德士开着小车行驶在肯德基州到俄亥俄州的公路上，一路对途经的饭店推销自己的炸鸡。一旦有人表示喜欢，他就愿意把自己的配方告诉这些人，并出售自己的特许权。一开始，这笔生意遭受了质疑，无人问津，大家都觉得这个奇怪的老头有些异想天开。

整整两年的时间里，哈兰·山德士被拒绝了 1009 次，却在第 1010 次获得了成功，这一次，终于有人愿意与他进行合作了。随之而来的是哈兰・山德士家庭炸鸡被广泛认可，以及哈兰・山德士第一家快餐厅的建立。

1952 年，世界上第一家餐饮加盟特许经营快餐店成立，人们管它叫肯德基餐厅。

也许，你看过很多关于认真而坚持的故事，相信在无数次失败后再去坚持的案例却并不多见。失败后，再尝试一次，既是对梦想的尊重，更是对梦想的再度追求，而每一个登顶人生的奋斗者，无一不是拓宽人生高度和广度的匠人。

重拾生命的缺失

每一种推动人类历史进步的力量，都同样利于个人创造辉煌。人类所具有的积极向上的能力，往往不会毫无遗漏地被每个人所掌握，而这种可称之为来自生命的“缺失”越少，便越有助于一个人走向成功。

纵观历史，每一任君王身边都有一个聪明且善于谏言的良相。辅佐李唐王朝一朝盛世的魏徵，同样是一个刚正不阿、才华卓越的典型。这个敢于直言帝王对错的宰相，曾经自请成为皇帝身边敢于直言不讳的良臣，而拒绝成为讨好皇帝的重臣。魏徵一生所著的全部习作，都是为君王提供自省加反思的谏言，对后世产生了极大的影响。

史料显示，与唐太宗吵得面红耳赤，是魏徵上朝时的常事。许多人都把自己头顶的乌纱帽看得比命重要，没人愿意因一句劝说丢了脑袋。但是魏徵敢于在唐太宗面前直言他的过失，只要皇帝有错，他从不会视而不见。

被魏徵如此对待的唐太宗自然不怎么开心，身为皇帝，谁愿意时不时地接受臣子的批评呢？每一次唐太宗都是无奈又生气，不能丢了臣子对自己明君的印象，又不得不顾及自己的脸面。

魏徵在又一次激烈的劝谏之后，唐太宗气冲冲地回到后庭，见到妻子长孙皇后，情难克制，一边骂一边说自己一定要杀了那个讨人嫌的呆子。

看着这样的唐太宗，长孙皇后就问道："陛下如此盛怒，不知是哪个有这样的能耐敢惹怒您呢？"

唐太宗说："就是那个魏徵，这个人总是当着人多的时候对我指手画脚说这说那，我真是受不了啦！"

长孙皇后听了却并没有多说什么，而是转身回到自己的内室，让婢女帮忙换了一套高规格的皇室礼服，走出来看着唐太宗，随后认认真真地对唐太宗施了一个大礼。

唐太宗惊讶地扶起长孙皇后，问她何以如此。长孙皇后说："臣妾听闻，只有最英明的天之骄子才有资格得到最优秀的大臣来辅佐，魏徵如此果敢，这不就说明了陛下的优秀吗？臣妾得此一优秀的夫君，且陛下有这样的臣子辅佐，难道不该被祝贺吗？"

唐太宗听完，心头的怒火消了，觉得魏徵也并没有那么可恶。

后来，魏徵因病故去，唐太宗十分难过，他知道这个亦师亦友的臣子再也无法对自己直言劝谏了。唐太宗流着眼泪说："一个人用铜做镜子，可以照见衣帽是不是穿戴得端正；用历史做镜子，可以看到国家兴亡的原因；用人做镜子，可以发现自己做得对不对。魏徵一死，我就少了一面好镜子了。"

魏徵那般聪明，又怎么会不知道自己一次又一次的重复劝谏会引起皇帝的反感呢？但他想的是自己要对天下的百姓负责，要对这个国家负责，纵然天子对自己有诸多不满，可只要肯听取、采纳谏言，自己遭受非议都是值得的。

魏徵用自己的一生证明了对国家和人民的忠诚，有记载显示他 200 余次陈谏，都明确表达出了他对国家和皇帝的负责。虽然这一次次的陈言进谏都让他和皇帝之间产生了矛盾，但他却从未有过任何出于私心的妥协与忍让。不仅是同朝为官的大臣，就连一朝天子也都为这样一个敢说敢做的忠臣而心生敬意。

魏徵谏言，是一种大爱、博爱的重复，可遗憾的是，这种重复力却未必是每个人都拥有的，或者说，生命的缺失总是存在，可这份残缺的出现，才让人生变得更加真实。

直白点说，没了重复，不再执着，将会是一种怎样的情景呢？

有一个年轻人，痴迷雄鹰。一次，他翻过了一座座高山，在最高的一个山崖边找到了一个鹰巢，这鹰巢里有一只雄鹰的小崽。年轻人很开心，把这只小鹰崽带回了家中，准备从小开始饲养。

可是，年轻人家中的条件有限，所以只能把小鹰养在鸡笼中，这只小鹰不得不和一群鸡雏一起长大。日子一天天过去，年轻人并没有觉得这样饲养小鹰有什么不妥，连小鹰自己都觉得自己是一只鸡。

小鹰就这样渐渐长大，当年轻人想要驯养这只小鹰时，却发现为时已晚。因为整天和鸡崽待在一起，小鹰对天空已经没有任何渴望了，几经尝试，它都无法振翅飞行。年轻人想了想，只好用一个极端的办法。

他把小鹰带到悬崖边，使劲儿把它抛向空中！只见这只小鹰开始如同石头一样急速下降，随后却展翅飞了起来。

幼鹰被“圈养”，是对其本能的重复性扼杀，它失去了生而为鹰的原始力量，没了对本能的继承，就自然沦落成“鸡”了。可谁又能否认，重复性的“圈养”所体现出的重复力的强大呢？

幸而，它终能在又一番刻意的重复中寻回了自我，成为翱翔于苍穹的雄鹰。

工匠精神，即是让我们循着内心本初的细腻，用心消减棱角，细细打磨润滑，找回人类世界里最本真的色彩。

真正的缺失，并不是我们失去了外在的财富，也并非我们在努力的过程中错过机遇。生命的缺失，其实是遗失了自己，是我们为了完成而完成时所忘却的那个态度。因为态度的歪曲，甚至缺失，会造成我们最终一无所获的结局。

有一个工作了多年的木匠决定退休了，退休前他对老板说，自己想要离开工作岗位回家和家人共享生活。老板舍不得这样一个优秀的员工，还是希望老木匠能给自己再建一个房子。老木匠显然是不愿意的，但思来想去，还是没有拒绝老板的要求。尽管如此，老木匠的活儿干得并不好，他用那些最好的料子完成了一个最粗糙的房子。

房子建好之后，老木匠向老板交工。老板告诉他，这座房子是自己送给他的礼物。一瞬间，老木匠僵住了，看着这样一个粗制滥造的结果，他的脸红了。他羞愧无比，并且不得不自食恶果。

生活中，老木匠的故事频频上演。做事懒散，心不在焉，专注不够，三心二意，这一切都阻碍了我们发挥自己的真实才能，我们不得不一次次住进自己亲手造出的粗制滥造的房子，自食其果。

素质、能力，这些可以练就出的外在技法，往往不是推动一个人成功的关键。忽视问题，对凡事漠不关心，没有持之以恒的心态，这才将人打入了“十八层地狱”。

机遇的确不是等来的，甚至，世界上并不存在机遇，那些人们可见的他人成功的法门之一——逢得机遇，只不过是不曾有生命缺失的人，自然而然的一种成长状态罢了。

老生常谈的故事，所透视出的道理见仁见智，而每一种道理，都是工匠精神不同层面的展示，其中有执着、信心、勇气和百折不挠的精神。

因为热爱，才能激发潜能

一个人的喜好决定其是否能在某一领域获取至高成就，热爱一项事业或钟情于某一行业，会激发出一个人无限的潜能。他会在攀登至高峰之间经历波折与坎坷，但因为热爱，这一切只能促使他有更强劲的冲力，为实现梦想提供助力。

郭晶晶获得奥运金牌，是因其热爱跳水，从而持续专注一点，接着爆发出令其自身都难以想象的超强动能才铸就的。

作为中国跳水界响当当的人物，郭晶晶早已由一个稚嫩的小将成长为一名元老级的运动员，她收获的成绩和奖牌早已不需太多语言形容。不过，这个元老级的冠军取得优秀成绩的原因，却需要探究。她的成功，得益于她一次又一次的尝试，以及对于事业的坚持。每一次失败都没有将她打倒，每一次伤病过后的疼痛也未将她毁灭，郭晶晶在每一个障碍面前，都选择站起身来，勇敢面对。

因为热爱跳水这项运动，郭晶晶对于跳水的理解自然更深，从小就投身体育的她，很早就不再像其他小队员那样只有教练制定了计划才能完成训练。由于每天接触这一领域，加之勤奋、认真，她总是最让人省心的那个，她知道自己该做什么，哪些地方需要改进，她从不会在无用之功上浪费时间。

郭晶晶对于跳水的喜爱，令其对事业的专注已经变成一种习惯。她能定制属于自己的训练计划，知道如何对待自己的伤痛，她也懂得心疼自己的教练，更能帮助师弟和师妹解决在训练中遇到的问题，这一切举动，都因为她“太喜欢跳水了，太爱这个项目了！”就是这份爱，以及她坚持不懈的努力，才成就了她的辉煌。

郭晶晶自 1993 年进入国家跳水队起，共服役 18 个年头。在这 18 年间，她参加过世锦赛和奥运会的次数可能比许多人一生参加的总和还要多，她在这期间付出的汗水难以估量。试想，如果不是她的十足韧性和坚持到底，就没有“跳水女皇”的 4 枚奥运金牌在握，以及世锦赛、全国比赛的大满贯赢家的殊荣。

当然，一如每个成功者通往成功的路都是崎岖不平的一样，郭晶晶一路的坎坷似乎更让人内心翻涌。大器晚成的郭晶晶并非一开始就走入人们的视野，她是经过了十多年的蛰伏才一飞冲天的。

谈及自己为什么能坚持到 30 岁，最终成为奥运冠军和跳水女皇时，这位叱咤跳水界的老将始终都在强调：“要是我早早就拿到了金牌，事业太过顺利，可能早就退役了。现在的我特别感激以前的那些挫折和磨炼，否则我不会坚持到现在，更不会体会和享受对跳水的热爱。”

18 年的体育生涯，并没有将郭晶晶身上的灵气消磨殆尽，反而其与生俱来的阳光与明艳，在她身上日益显露出来。各种新闻里可以看到她的身影，与之相关的却不仅仅是体育话题。她的人生多姿多彩，从青涩到成熟的跳水女皇，她靠自己的努力成就了名副其实的辉煌人生。

从 14 岁拿到第一个冠军到 23 岁成就自己的大满贯，郭晶晶当真是“打遍天下无敌手”，更多的时候，她都是为了挑战自我而比赛。

12 岁进入国家队，15 岁参加奥运会，但直到 2004 年的雅典奥运会，郭晶晶才拿到了属于自己的第一块奥运会金牌。

回顾曾经的那 8 个年头，对郭晶晶的成长而言是忍耐与磨砺的代名词。接二连三的伤病开始威胁到她的体育事业，右腿严重骨折、视网膜炎症让这个姑娘也想过退役。

2001 年，郭晶晶的视网膜检测结果并不理想，对于轻微的视网膜脱落，她选择了手术治疗，这也使得她的视力受到了很大影响。手术过后，她的生活从此与框架眼镜相依相伴，但是每逢比赛和训练时，她依旧能靠着感觉进行下去。这种更为困难的训练，反而帮助郭晶晶积蓄了更强的实力。

从 2005 年开始，世锦赛冠军、跳水世界杯赛冠军、奥运会冠军，这些冠军的头衔让郭晶晶一步一步走向了自己跳水事业的巅峰。这时的她处在风口浪尖上，却有着超出同龄人的平静。除了比赛，她不会多说任何关于自己个人的事情，她觉得，从起跳那一连串完美的动作起，外界应该就已能获悉想知道的一切。

在中国跳水队一场名为“我的追求”演讲比赛中，郭晶晶曾这样表达过她对奥运会的追求：“一次又一次，我第三次参加奥运会才获得了奥运冠军，在那一刻，我是幸福的。成功其实很简单，就是强迫自己继续练下去。有的时候很累，很累，但是再辛苦也要坚持，因为梦还在远方。”

那些功成名就之人，在我们普罗大众看来，似乎总是在某一方面极具天赋。事实上，世上没有绝对的天才，即便某人在某一方面过早显示出不同一般人的特质，他若想成为人生的赢家，也绝不能原地踏步。

相反，即便我们平凡普通，无甚优点，却会因对某一事业或工作的热爱而催生出潜在的能量，这亦是工匠精神的又一完美展示。

态度决定一切，热爱即是一种态度，一种迎难而上的态度。

每一份用心都是无价的

手艺精湛的工匠，在制作任何一种物件时都显得游刃有余，有种随意的心态。这看似简单，实则经过了成千上万次的练习，在这种近似枯燥的重复中，某件商品，或某件工艺品即会展现于世人眼前。这样的物品中所凝聚着的价值，其实是无价的。

在我国的西部地区，藏传佛教是一种深入且广为人知的信仰和文化。在藏传佛教中，许多神乎其神的艺术瑰宝都被中外人士赞叹为神迹，唐卡就是其中的一种。

所谓的唐卡也叫唐嘎、唐喀，是从藏文音译过来的。它是一种用彩缎装裱后悬挂在寺庙当中作为供奉所用的宗教卷轴画。而绘制一幅好的唐卡，并不比雕刻一个精美的艺术品简单多少。

绘制唐卡的过程复杂到超出我们的想象，其执行的标准也比我们所认为的要严苛许多。每一个绘制唐卡的工匠都必须熟记手札中的条例，还要牢牢遵守师傅的要求。每一次绘制之前，画师们都要进行虔诚的开画仪式，并且自己完成画布的制作。至于构图，上色定型这些必要的工序，所需时间之长自不必说，单是铺金描银，画龙点睛这些工程，都要加班加点去完成。

那么，多久才能完成一幅唐卡呢？短则半年，长则需十余年乃至一生。依照藏民的传统说法："一幅唐卡，要布谷鸟叫三次才能完成。"

追溯历史，唐卡在世界上已经存在了1300多年。在漫长的发展历程中，唐卡也一样经历了盛衰、融合与继承，最终形成了诸多画派。

画派的划分，就更表明了这种工艺的复杂。这种用彩缎织物装裱成的卷轴画是藏传佛教的重要表现形式，不仅具备独特的民族特点，还有着浓厚的宗教艺术风格。

唐卡的题材琳琅满目，以宗教画最为常见。其质地一样繁多，布面和纸面常是绘制的媒介，此外，刺绣、织锦、缂丝和贴花等织物亦可见。

而在颜料的运用上，则更突显出唐卡的无价——金、银、珍珠、玛瑙、珊瑚、松石、孔雀石、朱砂等珍贵的矿物宝石和藏红花、大黄、蓝靛等植物都是唐卡的颜料，只有这些天然的原料，才能确保唐卡制作完毕后颜色鲜明、夺目靓丽。更重要的是，就算是经过上百年的岁月侵蚀，依旧可以保持璀璨夺目的艳丽。

如此精雕细琢之后呈现出的艺术品，自然成为中国民族绘画艺术的珍品，其也由此被称为藏族的"百科全书"，更是中华民族民间艺术中弥足珍贵的非物质文化遗产。当然，无价的唐卡中最为无价的部分，即是这种既费心血又耗时光的绘制过程，其中凝聚着许多一拿起画笔就再未放下过的僧众的专注力，在他们心里，这点点滴滴的耐心，这一笔一画的重复，都已经成为那个最为纯洁神圣的信仰。

许多绘画唐卡的大师都是自幼就跟随师傅学习，他们吃住都在寺庙当中，没有外界的打扰，在青灯古佛前用画笔沉静地诉说着自己的信仰，一笔笔地传承着唐卡这种具有宗教魅力的艺术文化。

每每画师在作画前，都先要虔诚地向活佛问卜，选良辰、择吉日，在选定的日子里沐浴净身，焚香祷告，在一遍遍的诵经中备好用料。之后，在制作唐卡的岁月里，陪伴他们的唯有无限的专注，其他任何琐杂之事都无法搅扰他们的清净心。

有人说："唐卡不仅仅是画，而是一个人在修心的过程。"在这个看似并不起眼，实则需要倾注一生心血的过程中，画师们便完成了"见自己、见天地、见众生"的三重境界。

屋内是青烟袅袅，屋外是四季轮回，这些执着的画师在自己工作面前小心翼翼地重复着，耳边是诵经者净化繁杂的世界的声音。

每一滴汗水，每一层老茧，它们渗入物品之中，增加了其价值的无限扩充。安心于手上的事情，以一颗工匠之心执拗于钟爱之事，任何人都将成为无价之宝的缔造者。或者说，有这样信念之人，他本身就是无价的。

有一个孩子，天生患有腿部顽疾，在他所生活的小城中，因为环境条件有限，孩子的疾病难以治愈，而他本人也必须始终在这个固定的圈子里接受着众人的嘲笑和白眼，哪怕是同情，也含有一股浓重的讽刺味道。时间久了，这个孩子开始越来越沉默，他不喜欢与别人交流，自卑与自闭让他孤立了别人，也孤立了自己。

在学校里，这个孩子最讨厌的就是体育课，因为体育课上的活动让他觉得自己是那么与众不同，他讨厌在大家的注视下成为“异类”。因此，每一次体育课，他都选择躲在角落，眼巴巴地看着别人嬉戏打闹，羡慕与无奈写满了他的双眼。

一次偶然的机会，学校组织全体师生去爬山，孩子本想拒绝，可老师却不同意。看着那座并不是很高的山，这个孩子默不作声，考虑到底怎样才能顺利爬到山顶。

随着老师一声令下，大家都纷纷向山顶奔去，而这个不得不参与其中的孩子也不肯放弃地慢慢向前走着。尽管他的步子还不是那么稳，可他却感觉棒极了。他惊讶地发现，当大家都在专心致志地爬山的时候，没有人会注意到他的与众不同。每个人都在奋力地向前冲刺，而他因为一条腿长一条腿短，攀爬的速度竟然比其他人显得更快。很快，他成了一行人中的领头者，最后，当他爬到山顶等待大部队到来时，他赢得了众人的掌声和夸赞。

回到家后，他问妈妈为什么自己在平地如履薄冰的时候，爬山却是如此轻松愉快？妈妈告诉他，上天之所以给了他不同的腿，就是要给他一条不同于常人的路！从此之后，他开始对人敞开心扉，回归到了生活的正轨上，过完了幸福的一生。

PART 3

重复的要素

成功要有的习惯

无论在生活还是工作中，我们都会面临“重复”带来的疲倦和无力感，这个时候拼的就是专注、耐力等，看谁能熬。熬得住，事情往往能成。

滴水穿石的专注

不间断地或反复地做某一件事情，即是重复，而让人在内心深处建起重复决心的因素中，最重要的一点莫过于专注，因为专注，所以重复。又或者说，重复即是专注，这是一种让人们把简单事情做到举世瞩目的奇妙力量。

在安徽广德太极洞内，有一块石头形似“卧兔”。奇妙的是，在该石头的正中央有一个小洞，十分光滑圆润。那么，此洞何以形成呢？这是水滴的力量。

在该石头的上面，长年累月有水滴滴下，并滴在同处。天长日久，看似柔弱的水滴发挥出了巨大的力量，竟然将石头“滴穿”了！由此，太极洞内才有了今日的奇观。

力量羸弱的水滴，如何能滴穿石头？这自然是持久的力量使然，而其中更为重要的，即在于其年复一年的重复，并始终如一，滴在一处。

不消说，专注在其中所发挥出的能量一眼便知。而对我们来说，它带来的启示自然也是多方面的。锁定一个目标，而后锲而不舍，终将得偿所愿。

童第周是土生土长的浙江人，1902 年出生在宁波。童第周的父亲有着深厚的中国古典文化底蕴，对于子女的教育，也多是以史实见人生。从小徜徉在父亲的各种人文故事里，使童第周养成了很多好习惯，其中，对其日后帮助最大的便是“坚持不懈”的习惯。

事实上，无论是后来对于科学孜孜不倦地追求和探寻，还是求学之路上越过的种种障碍，童第周始终如一个痴狂的行者，以愚公移山一般的精神支撑着自己，从未停下过前进的脚步。

由于一直在中式私塾读书，此与西方的学堂不同，童第周受到的教育里有很大一部分关于自然科学的知识是缺失的。尽管一直以来对于新型学堂羡慕不已，但是童第周的家境并不允许他去那里读书。这也是为什么当他有机会去新型学堂读书时，他无比珍惜的原因。

17 岁那年，在哥哥的帮助下，童第周得到了一个进入宁波师范预科班学习的机会。在这里学习，不仅不用交学费，还可以享受免费的食宿，这对童第周而言实在是天大的喜事。

进入中学时，童第周已经 17 岁了，加之在私塾里一直只学习四书五经，对于自然科学基本上是一片模糊。如此薄弱的知识基础，令其在学校学得极为吃力，并最终以平均分 45 分的成绩度过了第一学期。校长见状，便要他退学，童第周一番肺腑之言，总算让自己有机会跟班试读一个学期。

这是来之不易的机会，童第周知道自己必须牢牢把握住。在第二学期，他的学习更加努力，挑灯夜读，已是家常便饭。很多时候，他早早起来跑到路灯下去看书。还有些时候，值班老师发现他不睡觉，只读书，就叫他回去睡觉，可回去之后，他会再偷偷溜出来去厕所继续借着昏黄的灯光看书。这样的坚持，让童第周的成绩突飞猛进，半年之后，他的各科成绩都名列前茅，甚至还有满分的学科！

看着自己的成绩单，童第周再下决心："一定要争气。我并不比别人笨。别人能办到的事，我经过努力，一定也能办到。"

在这之后，童第周为自己制订了下一步目标，即考入效实中学这所当时宁波最好的学校。当时，多少达官贵人都以自己的孩子可以在效实中学就读为荣，因为只要坚持学习，这所学校的毕业生基本都可以考上大学。

不过，这所学校对于学生的英语成绩要求很高，并且同样重视数理自然科学的学科建设。童第周恰巧在这种学科上比较薄弱，明确了劣势的他，毫不放松任何提升自己在这方面的学习的机会。苦学之下的童第周，靠着"滴水石穿"般的毅力取得了优秀的成绩。

然而，不幸的是，哥哥在这时候给他带来了一个坏消息——此次效实中学招生，不招一年级新生，只招三年级插班的优等生。哥哥想：就童第周的基础来说，本来考一年级就已经很费劲了，现在却只招三年级插班生，还要求优等，这可怎么办呢？

哥哥犹豫再三，还是把这个消息告诉了弟弟。听到这个消息后，童第周没有多说什么，依旧默默地学习，哪怕是插班生，他也一定要考入。凭借这种铁杵磨成针的精神，童第周最终取得了入学资格。尽管入学成绩是最后一名，但这依旧没有打消他的学习积极性。入学之后，童第周更为勤勉，眼看着从倒数第一变成了正数第一。

再后来，毕业后的童第周奇迹般地考进了复旦大学。在复旦大学，苦修的童第周在 28 岁那年得到了一个出国留学的机会——去比利时跟随一名优秀的生物学教授继续完成学业，尽管当时童第周戴着“落后的中国”的帽子，但他从没有因为同学们的白眼和轻视就松懈半分。别人做不了的实验，他做十次，百次，总要攻克下来。在这些复杂的实验中，有一个是需要剥掉青蛙卵膜，这不仅需要熟练的技巧，更考验着学生们的耐心和细心，就连童第周的导师都很难顺利完成。沉默少语的童第周，用自己的大部分时间循环往复地做着这个实验，最终获得成功，连导师也对这个中国学生竖起了大拇指，给了他极高的赞誉。

这件事之后，童第周开始继续将钻研的精神用在科学上，最终，他凭借刻苦的努力与百折不挠的精神，取得了生物学历史上骄人的成绩。

很多时候，重复不是为了得到，而是为了悟到。这样的道理，总会在我们追求幸福的过程中被忽视。我们为了心里的执念，也没少重复那些无用的事情，继而也做了太多舍本逐末的事情。

重复不代表死守心中的执念，绝非不思考、不变通地反反复复做一件事。专注也不是如蛮牛一般，低头咬牙地向前匍匐。有意义的重复，会让我们的奋斗更有效率，反之，我们只能在抵达目标的路上南辕北辙，渐行渐远。

有一个人想去钓鱼，他开车跑到一个小湖面旁边坐了很久，却一无所获。旁边一个男人看着这个没什么收获的人，就告诉他说这里没有鱼，可这个钓鱼者却并不理会，也不肯走，继续坐在那里。

天色渐晚，钓鱼的人终于放弃了，他一边收拾东西、一边问那个在自己身边绕了一天的男人：“你怎么知道这里没有鱼呢？”那个男人没好气地说：“因为我是这个溜冰场的老板！”

目标的错位以及无意义的坚持，反倒让我们距离心中所想越来越远。重复，是为了让我们在一种行动中得到满意的结果，而只有这种不断重复的过程，才有可能为我们创造出更多的机会和前路。

当我们太过于执着，被蒙蔽了双眼，忘记了思考，拒绝了劝告，就会错把误区当作机会，从而消耗了时间、精力。

耐得住寂静和孤独

成功是光鲜的，有鲜花与掌声的簇拥，可通往成功的路却异常孤寂，夹着无味、搅着辛酸，一个人的坚持，往往并非别人眼中的灿烂与辉煌，很多时候只是一个人默默地只身上路。不过，却不能否认一点，恰是奔赴成功路上的形单影只，才让我们更有信心去重复，更能坚持着重复。

有一个女人，她叫昂山素季，她的父亲昂山将军为争取缅甸独立与英国谈判，不幸惨遭政敌的暗杀。家庭的种种变故，让昂山素季比同龄人睿智通透得多。1960 年，跟着出任印度大使的母亲前往印度后，昂山素季就一直在潜心修学。随后，进入牛津大学攻读文学学士的学位，也曾主修哲学、政治学和经济学这些科目。让人欣慰的是，在牛津大学的校园里，昂山素季结识了自己的丈夫阿里斯，并幸福地走向婚姻殿堂，婚后育有两个孩子。

本来可以相夫教子、安享晚年的昂山素季，却从未选择安逸的生活，一次机缘巧合，使得她从此踏上了与人民同在的革命道路。

在人类文明飞速发展的现实世界里，昂山素季看到的却是自己的同胞生活在高压统治的国家里的现实。昂山素季再也不能坐视不理，她要努力为人民争取平等的权利，用自己有限的生命为国家带来真正的民主。

原本，在父亲去世之后，昂山素季这个流亡海外的公主应该在异乡走完自己的后半生，可母亲的去世，却给她平静的生活画上了句号。在这之后的岁月里，她选择了国家和人民，她选择了一次又一次地在困难面前抬起清秀的面庞，选择了不断重复地为了全国人民而努力。

1988 年，由于母亲病重，昂山素季回到缅甸陪伴在母亲身旁。母亲去世后，她没有回牛津。

是年，昂山素季本应该撰写博士论文，题目是关于缅甸文学。可是，回到故乡的她却在缅甸开始了另外一份工作——在民主人士的劝说下，她加入了一场争取自由和民主的运动。这场运动，在昂山素季还尚未回国之前就已经开始了。

昂山素季走上自己的革命之路，更像是命运的安排。1988 年 7 月，缅甸军政府的最高领导人奈温辞职。昂山素季了解到，年轻时的奈温曾与自己的父亲一同参与过缅甸独立运动。在缅甸独立运动后，他顺应民意成为缅甸军队的领导人。在这场自 1962 年就打响的军事政变开始，这个领导者就一手掌握着缅甸政府的最高权力，他的卸任也并不能改变这种独裁的局面。

因为年轻时一直学习着各种仁爱敦厚的文化思想，所以昂山素季始终认同“非暴力”理论。这一次，昂山素季要做的就是亲自参与政治，并致力于推行民选制度。这个曾经的政治领袖的女儿，自然成为革命的主心骨。

不过，由于自己的敏感身份，加上自己对于权利的争夺，昂山素季自然而然成为政府独裁主义者的眼中钉，故此工作进行得并不顺利。雪上加霜的是，1989 年，昂山素季遭到缅甸政府的软禁，缅甸政府开出的条件是将她驱逐出境，永远不可以再回到自己的祖国，但是昂山素季可以获得自由。昂山素季果断地拒绝了这一“交换”，即便这一次软禁，使得她与丈夫分隔地球的两端，与家人长久不能重聚。

困难就是这样开始的，一个没落的贵族，一个将军的女儿，一个离国的女人，她看到自己的同胞在苦难之中挣扎，她开始将自己的全部精力投入夺取自由的革命事业当中。

昂山素季没有放弃，只要有机会，她还是参与到革命运动中，一次又一次到人民群众中去发表自己的讲话，告诉人们不要放弃自己心中对于民主和自由的渴望。

在将近 20 年的时间里，昂山素季无缘与其支持者相见，且于 2000 年 9 月再次被软禁。即便如此，她为争取胜利而行进的脚步也从未停歇。终于，在 2002 年 5 月 6 日，依托于“互信基础”，由联合国主持的秘密协商会议做出了释放昂山素季的决定。政府发言人方面表示，之所以释放昂山素季，是出于“我们相信我们可以彼此信任。”

原本应该见好就收，可是昂山素季却并不苟同。随后，她称自己的

“自由”，昭示着国家新的黎明即将到来，接着，她坚持着、重复着，开始了新一轮的改革运动。

由于昂山素季的“死性不改”，2003 年 5 月底，她再一次被政府软禁。这次，她遭到了更严密的监视和关押。期间，她因病进行了手术和治疗，联合国缅甸事务特使伊斯梅尔曾去探望，还费心地安排其与缅甸总理钦纽会谈。

根据缅甸的法律，逮捕令只允许最多延长 5 年。尽管已经超过了拘留期，但在 2005 年 5 月，昂山素季却并未迎来属于自己的释放。4 年后，2009 年，联合国插手了昂山素季的事情，联合国工作组认为，缅甸政府对于昂山素季的拘留已经违背了法律，他们要求缅甸政府迅速释放昂山素季。可是这次不久，昂山素季却因为一名男子潜入了自己的住所而被连累，这回她背上了非法收留美国人的罪名，再一次遭到软禁。

这一次软禁长达 18 个月，一直到 2010 年 11 月 13 日，她才重获自由。

昂山素季曾笑言：“在多年的冥想之后，我认为一个人可以保持很平和的心态。无论释放与否，心灵并不会有太大区别。”

就是这样一个女人，重复着站起来参加革命运动，在这个过程中，她失去的是平静的妇人生活，失去的是被无数人视作珍宝的自由，可却收获了强大的心灵，可以战胜一切的心灵。这样的重复，代价太大，但也正是这样的重复，让她一个人品味了普通人永远不知道的五味杂陈。

昂山素季说，自己从来不会害怕军队武装，反而在这种环境下才感到安全。这源于她从小和父亲一起过着部队生活的经历。也正是这个原因，她不愿意看见自己的父亲亲手组织起来的军队与自己的人民之间产生任何矛盾。

缅甸有一句老话：“不到最后，人们总不会等待。”昂山素季说：“他们总是在我们到达我们想到的地方之前就开始批评，特别是我们走得不够快的时候。”

昂山素季用她的坚持告诉我们，重复也许并不能改变什么，但是重复的力量却可以“聚弱成强”，使得更多人受到这种精神力量的感染与帮助，最终形成质的飞跃。昂山素季也用她的坚持告诉我们，这个坚持的过程并不轻松，但是你独自品尝到的感悟却会为你余下的人生带来新的希望。

昂山素季的坚持，是在自己选择的孤独路上独自品味，她真正地投身于自己的梦想时，个中滋味如人饮水，冷暖自知。尽管路途很长，尽管途中坎坷，可只要认定了自己要做的事，纵使千难万险，也要策马而驰，这是为获取成功的决定因素——重复，而蓄力的时刻。

内心强大的人才能脱颖而出

一个人如果内心强大，便能在一次次的失败后重新出发，这种力量，让“重复”成为可能。

美利坚合众国一直是多民族大熔炉的代表，能够成为这里的国家领导者，需要的绝不是一般人所拥有的心智，因此，这也要求美国的领导者有一个强大的内心。林肯，作为一个优秀的美国总统，自然具备这样的品质。当然，他锻炼强大内心使得重复得以存在的过程，是十分艰辛的。

1832 年，林肯所在的行当不景气，他失业了，这让他一时有些手足无措，但他重拾了自己的政治梦想：他下定决心要当一个政治家，就从当州议员做起。

事实却并不如想的那么简单，林肯的第一次竞选以失败告终。在一年里遭受两次打击，这对他来说无疑是痛苦的。接着，林肯试着自己创建企业，想先夯实经济基础，可一年不到，这家企业又倒闭了。这一次的倒闭，让他借的外债赔了个精光。

在此后的两年里，林肯唯一要做的就是为偿还外债奔波。不过，在这段不长也并不短的时间里，他始终怀揣着政治理想。

两年后的一次机会，给林肯带来了新生的希望，林肯再一次决定参加竞选州议员，这次他成功了。他认为自己的生活有了转机："也许这一次我就可以成功了！"

如果一直是一帆风顺的话，也许我们就看不到后来的林肯了。1835年，林肯订婚了。悲催的是，就差几个月便结婚了，未婚妻却不幸去世，这对命运多舛的林肯而言无疑是又一次沉重的打击，他饱受着命运的愚弄。终于，他有些支撑不住了，倒在了病床上。经医生检查，林肯被诊断为精神衰弱症。然而，病榻上的他，依旧对自己的职业规划有着很强的信心，他觉得自己一定有机会取得成功。

1838年，身体状况渐好的林肯决定再次参加竞选州议会议长。可惜，命运再次将林肯压在了大山之下，他又失败了。不服输的林肯不肯就此向命运低头，于1843年再次参加美国国会议员的竞选，可仍未成功。

一次次的尝试，一次次的失败，换作旁人，只能说出那句"选择大于努力"的俗话，但林肯却偏偏不信邪，他没有放弃，尽管有时"放弃"的念头会在他脑海里一闪而过，可也只是一闪而过。

1846年，已经练就了强大内心的林肯再次参选国会议员，终而以出色的发挥收获了成功，遗憾的是他并没有连任。随后，不愿接受这个事实的他申请成为当地州立政府的官员，可政府的驳回报告却写着：

“做本州的土地官员要求有卓越的才能和超常的智力，你的申请未能满足这些要求。”

接连又是两次失败。在这种情况下，任谁都可以相信，自己是不适合在这条路上继续走下去的，没人能接二连三地接受失败带来的负能量。但是林肯坚决要继续前行，这时的他已经不在意政治梦想，而是对命运不认输。

看看林肯接下来的仕途吧，简直就是一部失败史。

林肯的第一次选举失败，时间是在 1854 年，那一次他参选的只是个议员的位置。这还只是个开始，接下来林肯的第二次失败是在两年之后，即 1856 年的那次美国共和党的副总统候选人竞选，当时的林肯被对手击败，输得彻底。

两年之后，林肯从头做起，依旧去参加议员选举，依旧是个失败的结局。但是，他还不愿意放弃，觉得只要有机会，就该去试一试。

1860 年的那次总统选举，让数次收获失败的林肯并没有抱着期望，可就这一次他成功了。

一个人若想干成一件事，坚持下去是必须的，《简·爱》的作者曾意味深长地说：人活着就是为了含辛茹苦。人的一生肯定会有各种各样的压力，于是内心总经受着煎熬，但这才是真实的人生。

强大的内心，为重复提供了源源不断的动能，它会让你忘却失败的痛苦、外人的冷眼，谨记心底的目标。周围的一切环境构成了人类赖以生存的世界，其中有优有劣，亦有辨不清真伪的灰色地带，但若能不为外物所扰，秉持清心，一切自然豁亮。

有一个寺庙，住着一个小和尚，与别的苦修的小僧人一样，每天天还没有亮，小和尚就得去做所有自己应当完成的任务，挑水、砍柴、扫地、擦灰自然不必说，工作之后，还要去完成早课，早课之后，就得去山底下的市集采购整个寺庙需要的全部备品。

一次，小和尚下山的时候发现，个别被派出去采购的小和尚，会去山下的东边市集，比起自己要去的西边市集要近不少，而且这条去东边的路也相对好走许多。次日中午，当小和尚背着一袋米从后山走来时，被方丈叫到寺庙门前。不一会儿，一同下山而去东边市集的几个小和尚回来了。

方丈问小和尚的师兄："我一大早让你们去买盐，路这么近，又这么平坦，怎么回来得这么晚呢？"

几个小和尚说："方丈，我们说说笑笑，看看风景，就到这个时候了。十年了，每天都是这样的啊！"方丈又问身旁侍立的小和尚："寺后的市镇那么远，你又扛了那么重的东西，为什么回来得还要早些呢？"

小和尚说："我每天在路上都想着早去早回，由于肩上的东西重，我才更小心走，反而走得稳走得快。十年了，我已养成了习惯，心里只有目标，没有道路了！"

方丈闻言大笑，说："道路平坦了，心反而不在目标上了。只有在坎坷的路上行走，才能磨炼一个人的心志啊！"故事里的小和尚，其实就是我们熟悉的"唐僧"的原型玄奘法师。

内心强大，自然抵挡得住一切干扰、忧烦，也就会让“有价值的重复”继续存在。抑或者说，若想坚守初心，持之以恒，内心强弱与否，即是关键所在了。

爱自己更要对自己狠一点

爱自己，其实也需要巨大的勇气。著名主持人蔡康永有条微博说：15 岁觉得游泳难，放弃游泳，到 18 岁遇到一个你喜欢的人约你去游泳，你只好说“我不会耶。”18 岁觉得英文难，放弃英文，28 岁出现一个很棒但要会英文的工作，你只好说“我不会耶。”

一个不够爱自己的人，自然就做不到对自己“狠下心来”。这里的“狠”，即是在你走上真正渴望的幸福人生之路之前，所要弯腰拾起的生命之重。它或许让旁人觉得厌恶，或许让你自己也没了接纳的心思，但只要你足够爱自己，就会获得真正重复的力量。这样看来，在爱自己以前，先要“恨”自己才行。

曾有这样一个男孩，他不喜欢与别人有过多的交流，他在学校的行为也总是显得有些怪异。同学们都觉得，这个“怪人”不是疯子就是傻子，他们不愿意和这样的人成为朋友。

孤独的男孩升入中学后，依旧如此，成绩落后的他连正常男孩子都喜欢的体育运动也做不好，还常常拖后腿，让自己的队伍总是输掉各种比赛。老师不喜欢他，同学们也讨厌他，看起来，男孩的人生再没有什么希望可循。

渐渐地，同学们的厌恶，变成了对他的漠视，甚至于，大家在大厅里遇到他，也都懒得打招呼。

身处于这些不屑一顾和冷眼旁观之中，沉默的男孩依然保留了一个可以抒发自己内心想法的习惯。酷爱画画的他，始终坚信自己对于艺术的演绎是自己正确的选择。尽管，在艺术这条路上，他没有经历过哪怕一次成功，可是一次次的退稿之后，他依旧用画笔表达着自己的执着。

后来，这个男孩告别学校，大胆地来到迪士尼工作室，向他们递交了自己的绘画作品。上帝是不会忽略任何一个有才华的艺术家的。迪士尼工作室的画师们纷纷对男孩的作品表示出了极大的兴趣，并且愿意接受他的作品。随后的种种际遇，让这个男孩意识到，也许自己手中的画笔可以帮自己记录下一生所历经的遭遇。

男孩果断地拿起画笔，画出了一个几乎所有人眼中看到的小人物，这个平凡到有点“废柴”的小人物，在他的笔下渐渐绽放出关于执着和坚持的光芒，人们透过这个角色发现幸福也可以被赋予其他的表达形式。

这个用画笔画出自己的小男孩名叫查尔斯·舒尔茨，也许很多人并不知道他的名字，可是当我们看到那只叫作 snoopy 的卡通狗形象时，没有人会否定查尔斯·舒尔茨头顶那个“史努比之父”的头衔。

足够爱自己的人，会给自己一个释放能量的空间，当然，在具备释放能量的能力之前，则要在并不容易忍受的孤独中积蓄、累加，需要下狠心让自己开始与众不同。这并不容易，可一旦我们坚守住内心向往，明白了“重复之美”，在脑海中有意识地勾勒出具体图像，那么在此之前所遭受的一切非议，甚至诽谤都是值得的。此时，我们便拥有了可以“重复”下去的“永动力”。

随着主流媒体强势走入观众视野的金星，中国大陆第一位获得美国艺术研究院奖学金的中国舞者，不管是她 28 岁接受变性手术的往事，还是在各档节目里舌灿莲花，世人不可否认的是，金星的的确确已经靠着自己的专业素养和强大意志力被舞台认可。

我们敬畏自然，同样也要学会接纳自然。金星在面对自己的时候，从未感到这个美丽的错误是对自己的人生判死刑，她可以凭借自己的努力勇敢地去追求自己的幸福。这份与众不同，让金星收获了许多别人所没有的幸运。

从小喜欢舞蹈的金星，在性别这个挡板面前丝毫不会感到阻碍，反而更好地诠释着力与美的融会贯通。

金星是一个天生乐观的人，所以不管她的曾经是怎样的，不管别人怎么说，她自己都表示出了最大程度上的自我接纳。“我没有那种很悲观的人生观，我是很乐观的，什么事儿都往好了想，哪怕最艰难的时候我还乐观地去面对，其他那种良好的心态一定是后天社会、生活锤炼出来的。因为经历了太多的事情，它反复地锤炼着，锤打着你那颗心，让你更加坚强，更加饱满，更加有力量，就会慢慢让你对待事物的看法和人，都有一个自我的判断和态度，一个自我的价值观，价值体系。”金星如是说，“我觉得我也在时常过滤自己，我觉得我的过滤系统比较好，包括身体内部的过滤系统，包括对外界影响的过滤系统比较好，这个过滤系统使我能够尽量地保持一个良好的心态。”

对于周遭的非议，曾经有这样一个禅语故事。昔日寒山问拾得曰：“世间谤我、欺我、辱我、笑我、轻我、贱我、恶我、骗我、如何处治乎？”拾得云：“只是忍他、让他、由他、避他、耐他、敬他、不要理他，再待几年你且看他！”

爱自己的另一个表现，自然是“忽视”他人。这不是让你以高傲之心待人，而是“恬淡处之”，不理不睬，不闻不问，秉一颗平常之心，这样的你才能把更多的精力和能量加载于所重复之事上，以便事半功倍。

内心强大的金星，从不靠别人来支持自己，因为她坚信自我支持已经足够。“坚持自己做的事情就可以了，时间会告诉你，你的选择正确与否。”

金星做到了爱自己，在专注和执着地完成梦想的同时，她一样不会委屈自己，并且成功地悦纳了自己。

我们面前的鲜花其实并不需要别人来浇水，只要自己认为值得，那么翻过千山万水打一桶浇花的甘泉又有何不可呢？

王尔德曾说：“爱自己是一场终生恋情的开始。”学会爱自己，我们才能够真正收获人生中应该有的那份愉悦。爱自己，才能做到对自己的人生负责，才有能力给身边的人带来幸福，而爱自己的一种方式，就是坚持自己的选择，纵然屡次失败，纵然与苦为伴，也仍乐在其中。

记得那部以 12 项提名领跑第 83 届奥斯卡金像奖的电影《国王的演讲》，就是以波澜不惊的方式，给我们呈现了一个关于爱与责任的故事。

这是历史上一个真实的事件。后来成为拥有至高无上权利的英国国王乔治六世，自儿时起，就一直患有口吃的毛病。从小就难以在公共场合发表任何演说，甚至在人多的时候难以流利说话，这样的他，无数次地成为交际场合下人们的笑柄，从儿时起，这就一直是他自卑和孤独的来源。

幸运的是，他有一个善良又美丽的妻子——伊丽莎白，她为了帮助丈夫摆脱窘境，一直坚持着到处寻访名医，但试遍了许多传统方法也一直没有任何效果。

在命运促使下，伊丽莎白得到了一个让自己满怀期望的消息，有一位治疗师专攻语言方面的隐疾。就这样，这个对丈夫痊愈抱有殷切期盼的女人慕名来到了语言治疗师莱纳尔罗格的宅邸。众人都说，这个治疗师的方法是与众不同的，约克公爵起初对于治疗师那违背常规的治疗方法也是拒绝的。

然而，约克公爵在机缘巧合下却发现，上帝虽然关闭了一扇门，却给自己开了一扇窗，每逢优雅曼妙的音乐响起时，口吃这个毛病在他身上完全看不到了。此时，约克公爵开始相信，自己遇到的这个治疗师可以帮自己摆脱一直以来困扰自己的口吃病。

在电影里，通过演员出色的表演，我们看到了一个为了治疗口吃而甘心配合治疗师各种“指挥”的公爵。其实，原本王位并不属于这个口吃的王子，其哥哥爱德华八世应当继承王位，可哥哥却深陷情关爱上了一个丧夫的寡妇。为了不受非议，哥哥甘愿为了这名女子让出王位，就这样，口吃的约克公爵阴差阳错地走上了万人瞩目的宝座，这一步也代表了他接受了关于在众人面前为了鼓舞士气而进行演讲的这一挑战。

导演的高明之处就在于，用这种平视而直观的角度最客观地为我们呈现出了国王内心的矛盾与挣扎。费尔巴哈说过：“你的第一个责任，就是让自己幸福。”在爱人和国家面前，爱与责任同样没有道理可讲。

乔治六世只有努力克服自己的障碍，让自己变得更优秀，才是对这个国家的负责，才能不负爱人的期望。尽管头顶着皇冠，拥有着不同于别人的地位，但是在平民治疗师面前，国王必须放下架子，哪怕尴尬难堪地为一个普通人展示自己的缺陷，他都没有任何放弃的理由。

终于，国王的治疗成功了，他在话筒前完整地做出了这次演讲，而屏幕前的我们也因为国王的执着而感动。

学会爱自己，悦纳自己，你的努力才会更聚焦，重复的力量才会更强！

有效的重复要细化目标

有效的重复，总会让人更有信心持续下去，因为目标足够明确，行动起来，对于自我而言，意义也更大。反之，目标模糊，无的放矢，周而复始的循环让人看不到出路，那么最终的结果自然不尽如人意，也就无所谓继续重复了。

曾有人进行过这样一个实验，把一群年龄、体力相差无几的人分为三组，以小组为单位步行到十千米以外的村子。

区别在于，第一组人对村子的名字和路程远近并不知晓，他们只需要跟随向导前进即可；第二组人知晓村子的名字和路程远近，但没有里程碑，到底走了多久以及走了多远，他们只能靠经验估计；第三组人，不仅知晓村子的名字和路程远近，而且可以根据路上的里程碑来判断远近。

三组人同时出发了，目的地相同，过程却截然不同。

第一组，在走了两三千米后，开始连连叫苦，走到一半的时候，甚至有人怒气冲冲，他们不停抱怨，认为已经走了这么远的路，为什么还没有到达终点。随着越走越远，越来越多的人开始掉队，有一部分人选择就此放弃，即便是继续坚持的人，他们的情绪也非常低沉。

第二组，走到一半的时候，人们最为关心的问题就是已经走了多远，其中有人根据经验推算差不多走了一半。得知路程后，大家继续前进，到了四分之三的路程时，已经有人感到体力难以支撑下去，大部分人的情绪也非常低落。这时，有人说目的地就在不远处，大家又开始振作起来，迈着大步朝终点走去。

第三组，大家在前进的路上，随时观察着里程碑，每每到达一个里程碑，大家都发出一阵欢呼声。就这样，在阵阵欢声笑语中，大家坚持着走到了目的地。

此种结果，不由得让人好奇，为什么路程相同，大家的身体素质也没有太大差异，却有着非常不同的过程和结局呢？其实，归根结底在于人们对目标及其进度的把握不同。试想一下，如果一个人清楚了解自己的目标，并且能够将长远的目标细化为一个个短期目标，如此一来，面对过程中的坎坷和挫折，都可以逐一解决，一步步地慢慢接近最终的目标。

若想让重复去做的一件事情与心理预期相符，甚至超出预期的效果，就必须在明确目标的同时细化目标。我们在设定人生大方向或制定大目标时，多试着往“长远”看，这很容易导致阶段目标和成果的缺失，即无法细化目标，获取阶段性胜利，我们在心理上也会萌生出大目标难以达到的念头，继而导致无法继续坚持，也就无法做到重复了。

更关键的一点还在于，当一个人不能在重复一件事情的过程中获取心理安慰，或来自物质、精神层面的回报，那么他很难专心致志，“重复”也便无以为继了。

1984 年，正值东京国际马拉松邀请赛的举办期间，世界冠军的头衔竟然被默默无闻的日本选手山田本一夺得，此一事件引起了广泛的关注。

有位记者问道：“你是依靠什么夺得比赛冠军的呢?”

山田本一微笑着回答道：“凭智慧战胜对手。”

面对他的回答，许多人认为他是在故作高深。众所周知，马拉松赛拼的是体力和耐力，比的是谁能坚持到最后，并且还得保证时间。他“以智慧取胜”的说法，似乎有些勉强。

1986 年，意大利国际马拉松邀请赛在意大利北部城市米兰如期举行。让所有人大跌眼镜的是，山田本一再次将世界冠军收入囊中。当一群记者请他讲一下获胜经验的时候，他依然是那一句“用智慧战胜对手”。这让记者迷惑不解，实在搞不明白他所说的智慧到底指什么。

10 年后，山田本一在自传中写道：“每次比赛之前，我都要乘车把比赛的线路仔细地看一遍，并把沿途比较醒目的标志画下来，比如第一个标志是银行；第二个标志是一棵大树；第三个标志是一座红房子……这样一直画到赛程的终点。比赛开始后，我就以百米的速度奋力地向第一个目标冲去，等到达第一个目标后，我又以同样的速度向第二个目标冲去。40 多千米的赛程，就被我分解成这么几个小目标轻松地跑完了。

起初，我并不懂这样的道理，我把我的目标定在40多千米外终点线上的那面旗帜上，结果我跑到十几千米时就疲惫不堪了，我被前面那段遥远的路程给吓倒了。”

这就是山田本一口中反复强调的“智慧”。确实，他将目标一一细化，分成众多小目标，并逐一攻破。在不断实现小目标的同时，也在无限接近最后的目标。

显而易见，很多时候，我们是被自己的大目标“吓倒了”，或者说，遥远的目标让我们没有足够的信心和体力朝它奔去，而把大目标切割，变成一个个稍加努力便可实现的小目标，我们在这个过程中的“重复之工”也就更能在一次次的蓄力中增强了。

人们做事情半途而废，往往因为觉得自己距离目标太远，那个看起来光鲜的前途遥不可及。实际上，所有的大目标都由一个个小目标构成，登上了人生的第一阶梯，才能更顺利地迈向第二阶梯。若是总以一种仰视金字塔的态度面对前路，人生剩下的或许只有唏嘘和长叹。

复杂的事情要简单做

人的精力、时间有限，一生所做的事情也一样有限，如此，怎样在对每个人而言都平均的时间里做出大成就，起码活出自己理想的状态，其中大有学问。最重要的一点，莫过于复杂的事情简单做。

公元前 233 年冬，亚历山大大帝挥师击溃了看似强大，实则外强中干的波斯帝国，继而将整个亚细亚囊括在手。转而，行兵有道的他带领军队一举拿下弗吉尼亚城。

在这座城中，有一座宙斯神庙，神庙里有一个十分奇特的绳结，据称有几百年的历史了，是前戈耳狄俄斯王留下的。传闻说，解开此结者将成为亚细亚王。

几百年间，来此地解结者络绎不绝，可大多悻悻而归，没人解得开。

亚历山大大帝带着手下将士来到神庙，看了看绳结，不禁皱起眉头，他们看出这个绳结的确相当复杂，似乎很难理出头绪。亚历山大大帝心有不服，就让手下最勇猛的将军塞琉古试一试。

塞琉古是一介武夫，对绳结不以为意，胡乱解一番，非但没解开，反倒使得绳结更为复杂，几乎要把自己缠在绳结之中了。

塞琉古见自己解不开，只得哭丧着脸跟亚历山大大帝汇报情况。亚历山大大帝笑道：“塞琉古，你刚猛有余，但缺乏头脑，像你这样去解，只怕是越解越乱啊。”说完，他又让托勒密去解。

托勒密是军队中最有智慧的人，他来到绳结前，观察了一番后开始动手。他先是把之前塞琉古搞出来的“新结”打开，将绳结复原，而后看着绳结陷入深思，却百思不得其解，他发现，只要打开其中一个绳结，就会无端多出另一个。

忖度良久，托勒密放弃了，向亚历山大大帝复命。亚历山大大帝安慰他说：“托勒密，你做到这步，已经相当不错了。”其实，他不像一般人那样不假思索地去解绳结，就已经是一种智慧的体现了。

亚历山大大帝走到绳结前，双眼盯着看起来杂乱无章的绳结，也一如托勒密一样眉头紧蹙，无从下手。突然，他拔出腰间宝剑砍向绳结，一瞬间，绳结一分为二，所有的结都开了。

众人不禁惊呼一声，亚历山大大帝随即说道：“朋友们，古圣先贤告诉我们，所有的困难一个接着一个，就像这个复杂的绳结，只要你当机立断，一切就会迎刃而解了。”最终，亚历山大大帝成了亚细亚王。

事实上，亚历山大大帝能成为亚细亚王，关键绝不在于他仅仅挥剑砍断绳结，而是他本身化繁为简的能力，这令其在做任何事情时，都能用一样的时间做出更令人拍案的事情。当一个人能把更多时间和精力花费在提升自我，为未来铺设平坦之路上时，他的奋斗也就更有价值，他因重复而获取的成就也才会越大。

公元14世纪，面对“共相”“本质”之类的无休止的争论，奥卡姆感到厌倦。他主张承认“确实存在的东西”，认为“那些空洞无物的普遍性要领都是无用的累赘”，应当被毫不留情地“剃除”。他说：“如无必要，勿增实体。”这被称作“奥卡姆剃刀”定律。

曾有一段时间，奥卡姆的这套理论被许多人当作异端邪说，人们对其大加指责。然而，随着时间的推移，人们得以对这一定律有了更为深刻的理解，总结起来便是“把事情变复杂很简单，把事情变简单很复杂”。按照这个定律，人们在处理繁杂的事情时，要把握住主要实质，把握住大的方向，然后顺其自然继续发展，而不是把事情人为地复杂化。

“奥卡姆剃刀”定律，即是提倡以简单思维及简单方式处理问题。

史蒂夫·乔布斯是“苹果”公司的创始人之一。

1985年，获得由里根总统授予的国家级技术勋章；1997年，成为《时代周刊》的封面人物，同年，被提名为最成功的管理者，有“计算机狂人”之称；2009年，被《财富》杂志提名为这十年美国最佳CEO，并当选《时代周刊》年度风云人物。

乔布斯崇尚极简主义。斯卡利是乔布斯的上司，在乔布斯不到三十岁的时候，他曾去过乔布斯的家，他对乔布斯的家印象深刻。

乔布斯的家中，东西少之又少，只有一张床、一把椅子、一盏蒂芙尼桌灯以及一张爱因斯坦的照片。

除了家中物品，乔布斯在苹果产品上，也依然延续极简主义。他向来喜欢不断删减，从而化繁为简，而这个“简”并非简单，而是简化。他将日本索尼公司的创办人盛田昭夫视为心中的超级英雄，他曾去索尼的工厂参观，发现工厂中的工作人员根据部门与功能的不同，而穿着颜色不一的制服，不仅着装大有讲究，且厂区内外十分干净利索，布局也非常规整。

当索尼的随身听上市时，盛田昭夫寄给乔布斯一台。拿到产品后，乔布斯迫不及待地将其拆解，仔细观察每一个零件，研究它们是如何拼装在一起，又是如何运作的。他对索尼优雅完美的工厂和产品颇为欣赏。

后来，苹果的工厂同早期的索尼工厂如出一辙。斯卡利曾说：“乔布斯不想要成为IBM，他不想要成为微软，他想要成为索尼。”

在乔布斯心中，任何东西都是设计。他对设计尤为推崇和看重，直到今天，苹果的领军人物依旧是以设计为主。

在微软公司，会议全程看不到设计人员的面孔，而是一群技术人员谈论着自己的产品设计想法。在苹果公司，则与微软截然相反，开会时，是以设计人员为主力军，他们是公司最受尊敬的人。而且，唯有在苹果，设计师的直属上司会是CEO。

化繁为简，基本可以大致被概括为乔布斯带领苹果走向辉煌的制胜秘法之一，而在精简、简化这一路上的无限重复，缔造了乔布斯本人和苹果的奇迹。

凡事力求精简，抓住主干，剔除干扰性细枝末节，把更多的注意力聚焦于一点，必然会事半功倍。反之，则会限于戈耳狄俄斯绳结之中，甚至会迷失自我。

有一个人，他有跳槽转行做人力资源的打算。深思熟虑后，他决定咨询一下顾问，他说："我投的一家大公司即将给我 offer 了，可是现在所在民营企业的老板答应给我加薪升职，我还该不该跳槽呢？"

顾问问他："为什么要跳槽呢？"

他答道："想去外资企业。"

顾问："为什么想去外资企业呢？"

他："外企规模大，也更加正规。"

顾问："为什么要去规模大的企业呢？"

他："因为规模大的企业有一套完善的流程。"

顾问："有完善流程的企业对你有什么帮助呢？"

他："能够让我学到更加完整的人力资源体系。"

顾问："学到这个对你意味着什么？"

他："这是我职业发展的方向和向上突破的重要基础。"

顾问："好，那么现在的企业即使给你升职，是否能让你学到完整的体系呢？"

他："不能，我明白了。"

一问一答进行到这，一切都清晰明了了。顾问帮助他抓住了问题的关键所在，让原本复杂的问题变得简单化，找出关键问题的答案，也就等于有了最终的答案。

当我们懂得把更大的动能施用在一点上时，便能“击穿”任何拦住前路的千仞壁垒，因为聚焦的能量巨大无比，使得我们能把一切精力派上大用场。

PART 4

重复的事业
专注踏实每一天

在这个躁动的年代里，能够平心静气地做一件事情，并相信自己可以完成，是一种不可或缺的品格。这种看似只有大师身上才能体现出来的品格，事实上也可以平移到我们每个平凡人身上，关键只在于我们是否决定“专注地重复”。

专注才能凸显重复的力量

重复与专注，看上去似乎并无直接联系，可二者的关系却形同“皮毛”。每一个成功者，都必将专注于促成其功成名就的某一事业，而在这个过程中，重复的力量即会凸显出来。毕竟没了重复，何以专注？

世人皆知，在科学发展的历史上，无数的科学家为人类的科学发展做出了贡献，在这些伟大的科学家队伍里，科学家玛丽·居里打破了女人无法搞科研的误解，第一个获得了诺贝尔物理学奖，并且她成为两获诺贝尔奖的第一人。

遥望1898年，居里夫妇宣布发现放射性元素——镭，一时间引起巨大轰动，此无疑是科学界最伟大的发现之一。

随着时光的推移，关于居里夫妇的美誉一直未能停止过，不论是她们为科学界做出的伟大贡献，还是她们杰出的品格，都值得后人瞻仰、学习和效仿。这种品质，就是居里夫妇对于科学和真理的追求，是她们在挫折和困难面前的绝不屈服和耐心重复。

1867年，玛丽·斯可罗多夫斯卡生于波兰华沙，她的父母正直忠厚。玛丽自小就展现出勤奋刻苦的优良品质，15 岁中学毕业，并获得金质奖章。当时，在俄国沙皇的统治下，华沙剥夺了女子上大学的资格，无奈之下，玛丽只能选择独自一人前往华沙西北的乡村担任家庭教师。

大环境并未阻止居里夫人追求知识的步伐，她在做家庭教师的这段岁月里仍没有放弃阅读与思考。

1889 年，她回到华沙，在一次机缘巧合的参观时，与朋友在当时华沙的一间农业实验室，发现了一个科学的殿堂，她热爱实验室里的一切。自此，但凡有闲暇时间，她就会全身心投入物理化学的各种实验中。正是在这里，她对实验的兴趣越发浓厚，也逐渐掌握了实验最基本的技巧。

当时的实验条件很恶劣，可玛丽在困难的条件下仍不断坚持学习。在父亲和姐姐的协助下，她终于有机会前往巴黎大学理学院深造，她也由此立志成为一名真正的科学家，为自然科学而奋斗终身。坚定的决心和不肯放弃的品格，让一切困难在她面前都不值一提。

玛丽十分勤奋努力，每天天还没亮，她就会提前坐一小时的马车早早地来到教室，选一个离讲台最近的座位，认真地听教授所讲的全部知识。为了节省时间和集中精力，也是为了节省马车费用的开支，入学的第 5 个月，她从姐姐家搬到了位于学校附近的一处阁楼。在新住处，水、灯、火都没有，采光只能依靠屋顶上的小天窗。尽管条件艰苦，她却感到满足，毕竟每月仅有 40 卢布的生活费，不能有太多奢求。

玛丽沉迷于学业，身体虽然被贫苦的生活所折磨，精神和心灵却因知识的给养而变得越发坚强。1893 年，她完成了物理系的学业，并以第一名的成绩毕业。次年，她又完成了数学系的学业，并以第二名的成绩毕业。

李普曼教授对这个勤勉好学的学生尤为青睐，故此在玛丽获得物理学硕士学位后，便受邀来到李普曼教授的实验室从事科研项目。也就是在这里，玛丽结识了年轻的物理学家皮埃尔·居里——她的丈夫，一生的战友和伙伴，他和玛丽一样专注于科学的研究。两个人志趣相投、相互敬慕，两人之间的友谊很快发展成爱情。1895 年，他们携手走进了婚姻的殿堂，组建起自己的家庭。

家庭生活并未让玛丽的事业就此止步，甘心忙碌于烦冗复杂的家庭生活中。相反，玛丽将更多的精力放在了实验室中。繁重的家务，甚至是刚出生的女儿，都没能阻挡这对科学家夫妇前进的脚步，尤其是玛丽，从未放弃过追寻科学的决心。

这一次，在大环境下，玛丽又一次选择了投身于科学事业。对于这时的玛丽来说，她专注而重复的特质已经成为别人无法窃取的能力。这种重复，是对自然科学最大的尊重与敬畏。

1896 年，来自法国的科学家贝克勒尔的研究有了惊人的成果，他发现有一种铀盐能够自发放射出一种射线，而这种放射物质却不甚明了。他的发现让居里夫妇尤为感兴趣，二人决定全身心投入这个领域中开展研究。

在一间狭小阴暗的贮藏室中，夫妻二人开始了全新的探索，他们所用的装置设备极为简单，一度阻碍着科研的进程，但是玛丽还是为了科学成果而不断努力着。在他们不懈地研究下，终于获得重大成果，玛丽得出结论：“铀盐的这种惊人的放射强度与化合物中所含的铀量成正比，而不受化合物状况或外界环境（光线、温度）的影响。”

居里夫人醉心于科学而产生的重复力，使得她在研究上更显专注。后来，玛丽推测这种未知的放射性应该属于某种元素的特征。按照这个思路，她开始着手对所有已知化学物质进行检查。

她开始一遍又一遍反复地进行之前的实验，没有成果就继续做，成果不满意就反复做。终于，玛丽证明元素钍同样可以自动地发出射线，而且与铀射线极为相似。由此，她得出结论，放射现象应该属于自然现象，而非铀的特性。根据她的结论，她提议将这种自然现象称为放射性，将具有这种特性的物质称为放射性物质。

科学家都是执着而疯狂的，玛丽为了验证自己的实验结果，很快便将调查推及到一切矿物上。她采用相同的方法去探究各种材料，终于发现：“有些矿物的放射性强度比其单纯由所含铀或铣所产生的放射性强度要大得多。”为了确定自己的发现是准确的，玛丽又反复进行了几十次的实验，最终证明这些矿物含有的放射性远超于铀、钍。

在重复性的实验中，玛丽发现，自己所达成的结果将会是一个十分重要而吸引人的推断。她开始下定决心把这一新元素找出来。这个成果也许会让整个世界发生改变，玛丽和她的丈夫都意识到了研究的重要性。于是，就在那间破旧的小实验室里，两个疯狂而执着的科学家开始了长达8年不断反复的实验过程。

起初，居里夫妇推测这种未知元素来源于沥青铀矿中，不过，他们尚未意识到其含量微乎其微，不过百万分之一。如此低的含量，自然很难发现。居里夫妇为了早日得出结论，劳心劳力，不分昼夜地实验，达到了忘我的状态。

夫妻俩分析矿石所含有的各种元素及其放射性，上百次，上千次的实验已经难以计算。在不断重复的过程中，他们慢慢发现，这种未知元素来自矿石的两个化学部分。

1898年7月，经过不懈的努力，居里夫妇终于找到了新元素，其化学性质类似于铋，外观与铅相似，放射性是铀的400倍，这就是后来我们所知道的钋元素。在发现了钋元素之后，居里夫妇仍没有止步于此，他们开始对放射性强于纯铀200万倍的部分进行分析。浓缩过后，产生部分结晶，得到了少量白色粉末，纯度并不高，这种白色粉末即是我们现在知道的镭元素。

钋和镭的发现，在科学界引起轰动，面对新发现的元素，科学家们持谨慎态度。其中，部分物理学家坚持等到进一步的研究成果出现再做表态；另一部分化学家则表示，只有测出原子量的时候，才能断定镭的存在。或者说，只有这种化学物质真正地呈现在世人面前，科学家们才可以相信它的存在。

事情哪有说得那么容易，想要得到镭或钋，并测出准确的原子量，以居里夫妇当时的条件来讲是不可能完成的任务。他们既没有完备的实验器材，又没有足够的资金支持，想要成功谈何容易？

然而，在梦想面前，居里夫妇没有妥协，他们奔波于各处，希望得到有关部门的支持。终于，他们得到奥地利政府的支援，获得 1 吨铀矿残渣。随后，他们从理化学校借到了一间简陋的棚屋，开始了新的征程。

居里夫妇从事研究的条件极为艰苦，破旧的棚屋冬冷夏热，屋内空气不流通，炼制操作只能转移到院子里。没有人愿意在这样的环境下工作，居里夫妇却忽视了这一切，在此专心致志地拼搏了 4 年。

这期间，他们从未抱怨过条件的艰苦，对他们来说，即便环境再难，事业仍是他们心中所爱，是可以弥补任何缺失的。

1902 年，距离镭的发现已经过去了 45 个月，他们在数吨沥青铀矿的残渣中得到了 0.1 克的镭，纯度极高，并测出原子量为 226，由此证明镭元素真实存在。镭元素的发现，归功于居里夫妇数以万次的反复试验，他们始终坚持着自己的科学梦想，最终得以成功。

居里夫妇的一生，是为科学事业奋斗的一生。长期高负荷的工作，已经足以累垮一个人的身体，加上放射性物质的摧残，玛丽的身体受到了极大的损害。即便如此，她依然在实验室中坚持工作，夜以继日地从未停止。当她发现自己的健康出了问题后，不仅没有就此停下来疗养，反而比以前更加拼命。身体能够活动的时候，她便待在实验室继续手头的实验，难以动弹的时候便在家中写书，努力让生命的每一分钟都用在科学事业上。

1934 年 7 月 4 日，玛丽因白血病离世。玛丽对于科学那种奋不顾身的投入，是一种无法被夺走的力量。整个人类铭记的不仅仅是玛丽的科研成果，同时还有她专注于科学工作的重复之力。

精益求精让重复更具力量

人们对于成功的追求永远没有止境，却常常忘记，正是我们的不经意的小举动造成了命运大方向的改变。当专注被内化为一种深入心底的习惯，也许人类离自己所追求的永恒会更近一些。

有两个小孩，同样钟爱画画。第一个孩子的妈妈给了他足够的纸、笔和一面墙，告诉儿子，不管画出的作品怎样，都要粘贴在墙上，供来到家里的所有客人品鉴。孩子点头照做。

第二个孩子也一样得到了足够的纸、笔，可附带着的另一样不是墙，而是一个纸篓。他的妈妈告诉他，你画作的每一幅作品都得扔进纸篓，不管你对它是否满意。孩子点头照做。

光阴似箭，转眼 3 年过去了，第一个孩子在 3 年中留下了很多作品，一面墙的画为他赢得了掌声与赞美声。而第二个孩子却只有永远也装不满的一纸篓的画——纸篓满了便倒掉。在外人眼里，这个孩子手中永远有一张没有完成的画。

30 年过去了，事情发生了反转：第一个孩子的画，早已在人们的审美中失去了光彩，甚至变得毫无新意了；第二个孩子的画却横空出世，在画坛引起巨大反响。此时，人们开始把他扔进纸篓里的画都拿出来贴在墙上，而把第一个孩子的画从墙上揭了下来。

两个孩子在同样的时间轴线里都重复着做一件事——画画，最终的结果却大相径庭。精益求精的态度是万分重要的，它使得我们不会产生“差不多”“还可以”的念头，取而代之的永远是“不够好”。

精益求精，即是更深层次的专注，它让重复更具力量。

精益求精是一种人生态度，也是一种工作态度，那些走上巅峰的人或企业，无一不是把一件事情做到完美、极致的，在以这种态度面对诸事时，也就自然拥有了因重复而来的力量。

摩托罗拉曾获美国波多里奇国家质量奖，这是美国企业界至高无上的荣誉。要赢得此奖，必须让评审小组认可该企业的产品是全国品质最高的。

当年，有66家公司对这个奖项垂涎欲滴。细数大部分的参赛公司，都是当时最出名的新型科技产业公司，如IBM、惠普等。而最终，斩获桂冠的却是摩托罗拉。自1981年起，摩托罗拉就有意争夺这项殊荣，公司先后派遣侦察小组，前往世界各地的高级制造机构考察，去看他们如何“精益求精”。

每一位摩托罗拉的员工都肩负着重大使命，他们需要尽量保证自己不出错。当时，有一部分以时计薪的工人，专门负责挑错。工程师们通过不断研发，将移动电话的零件数从1378项变成523项。这项改变带来的结果是：错误率降低90%，可尽管如此，当时的公司总裁仍不满意。

这一次，为了计划更好地施行，整个公司又设定了新的目标。对于移动电话，摩托罗拉的新目标是：每生产100个零件中，错误率不得超过0.03%。为了提高员工的积极性，摩托罗拉向全体员工发放了一张标明公司目标的卡片。此外，公司还特地录制了一盒录像带，向员工说明为何对99%的合格率仍不满意。

录像带指出，如果各行各业的人们都遵守99%的合格率进行工作，例如医药行业，那么每年就会产生20万份错误的医药处方。反观摩托罗拉，对于那些将性命与摩托罗拉移动电话捆绑在一起的警察而言，这样的合格率是否真的足够呢？

在美国波多里奇国家质量奖评审期间，摩托罗拉的产品已然让所有竞争者甘拜下风。如此情景之下摩托罗拉公司自然可以轻易获胜。

在角逐获胜之际，公司的一位主管说："得美国波多里奇国家质量奖，有一种金钱买不到的奇效。"的确，有了明确精准的目标，努力的方向才更清晰，人生才不至于跑偏。

而那位主管所说的奇效是什么呢？显然，是精益求精的态度带来的心灵饱足感，这胜于在物质甚至荣誉上获得的奖赏。

精益求精，敦促着每一位工作者像一个忠诚的勇士，为了最高的荣耀，在人生这条路上披荆斩棘，也让人可以获得更可贵的人生契机。

在美国，有一个优秀的年轻人收到了著名的耶鲁大学的录取通知书。但是，因为家里穷，他交不起学费，与许多彷徨无助的人一样，这个年轻人面临着失学的危机。无奈之下，年轻人决定趁假期去打工，像父亲一样做一名油漆工。如果运气好，或许可以赚一笔上学的学费。

这个年轻人最开始接到的是一笔为一大栋房子刷油漆的业务，尽管房子的主人迈克尔很挑剔，但他的挑剔并非没有理由，因为他支付的报酬很高。

年轻人已经不在意旁人的要求有多刻薄了，他很高兴地接受了这桩生意。在工作中，这个年轻人带着学习时候一丝不苟的态度，耐心地将一项简单的工作反复确认几遍，才下手去做。这个年轻人的认真和负责的态度，让几次来查验的迈克尔感到非常满意。

这天，是即将完工的日子。年轻人为拆下来的一扇门板刷完最后一遍漆，刚刚把它支起来晾晒，年轻人觉得有些累了，被油漆的味道呛得头疼。于是，他做完这一切，长出了一口气，想去花园透透气，歇息一下。可是刚一抬脚，却不想被脚下的砖头绊了个踉跄。这下坏了，他一个不小心碰倒了支起来的门板，这块油漆尚未干透的门板倒在刚粉刷好的雪白的墙面上，墙上出现了一道清晰的痕迹，还带着红色的漆印。年轻人看见自己努力刷好的墙面遭受了这样的损毁，立即用切刀把漆印切掉，又调了些涂料补上。

当这些弥补的工作做好后，年轻人却怎么看都觉得补上去的涂料色调和原来的不一样，那新补的一块和周围的也显得不协调。怎么办？年轻人变得有些执拗，他决定把那面墙再重新刷一遍。

说干就干，年轻人跑去重新买了涂料，并重新粉刷起墙面来。大约用了半天时间，他把那面墙刷完了。可是第二天，他又沮丧地发现新刷的那面墙和相邻的墙壁又显得色调不一致，而且越看越明显。

年轻人叹了口气，决定再去买些材料，将所有的墙重刷，尽管他知道这样做要多花比原来近一倍的本钱，他就赚不了多少钱了，但他仍决定重刷。他心里想的是，要对自己的工作负责。

谁知道，他刚把所需要的材料买回来，雇主迈克尔就来验工了。年轻人向他道了歉，并如实地将事情和自己内心的想法说了出来。迈克尔听后，不仅没有生气，反而对这个认真工作、不怕重复的年轻人竖起了大拇指。

作为对这个年轻人工作负责态度的奖励，迈克尔愿意赞助他读完大学。最终，年轻人接受了资助。

后来，他不仅顺利读完大学，毕业后还娶了迈克尔的女儿为妻，进入了迈克尔的公司。10 年后，他成了这家公司的董事长。现在，提起世界上最大的沃尔玛零售公司无人不知，可没有多少人知道，公司的董事长就是当年刷墙的穷小子。一面墙改变了这个年轻人的命运，更确切地说，是他对工作的负责态度改变了他的命运。

专注于一件事，以精益求精的态度将自己彻底投入其中，不问收获，只为过程负责，所能得到的结果是远大于预想的。

有时候，专注是一种自我牺牲。这样的专注，需要我们用力燃烧自己，不断鞭策自我并持续磨炼，舍弃眼下看到的短暂成绩，去追求更长久、可永存的幸福，如此才更有可能在人生的旅途中拾得那个最闪亮的贝壳。

成功的事业需要一颗专攻一事的心

通往成功的路从不平坦，荆棘横生、怪石嶙峋，这些突兀的东西扰乱着我们的视线，叫人看不清前路。而那些最终依然能拨云见日者，纵使前方再迷蒙，他们的内心却是豁亮的，他们看得清由心灵力量所指引出的方向，这才令他们总能不为外物所惑，安心于自己的事。

詹姆斯·瓦特是英国著名的发明家，在第一次工业革命时期有着重要贡献。1776 年，他制造出第一台有实用价值的蒸汽机，随后经过多次改进，升级至“万能的原动机”，在工业领域有着不可或缺的地位。可以说，瓦特开辟了人类的能源新时代，从而进入“蒸汽时代”。为了纪念这位伟大的发明家，人们将功率的单位定为“瓦特”，以此表示对他的敬仰之情。

格林诺克是瓦特的故乡，他的家就在一个小镇上。他自小身体比较虚弱，大多时间只能待在家里，由母亲负责教育他。

这里的家家户户依靠生火烧水做饭，这是再平常不过的事情，人人习以为常，但在瓦特眼里，这是很神奇的事情。祖母在厨房做饭时，会在灶上烧一壶开水，水开之后会沸腾起来，壶盖便会不停地往上跳动，不停地发出声响。瓦特观察了很久，他对壶盖跳动感到十分好奇。

祖母给他的解释是：“水开了，就这样。”瓦特却并不满足于这样简单的回答，他继续问道：“为什么水开了壶盖就跳动？是什么东西推动它吗？”忙着做饭的祖母实在没有更多的时间应对他的好奇心，只得说：“不知道，小孩子刨根问底有什么意思呢？”

面对不耐烦的祖母，瓦特有些失落，不仅没能得到准确的答案，反而挨了一顿批评。然而，对这件事的疑问促使着瓦特继续专注于观察水开时的现象。

几天下来，每到做饭的时候，他都会准时出现在火炉旁，认真仔细地观察着。他发现，当水快要开了的时候，会发出哗哗的响声，随后壶里会冒出水蒸气，壶盖也就随之不停地跳动。

为了验证自己的结论，瓦特不断把壶盖揭开盖上，他还找来杯子和勺子放在有水蒸气冒出来的地方，看到了与壶盖同样的现象。原来，是水蒸气推动壶盖不断跳动。得到答案瓦特欢呼雀跃起来，这是他通过自己的细心观察找到的答案。

在一旁做饭的祖母却不耐烦地说：“你这孩子，不知好歹，水壶有什么好玩的，快给我走开！”祖母当然不会知道，水蒸气推动壶盖跳动的现象即将成为瓦特今后改良蒸汽机车的启示。

1769 年，瓦特将蒸汽机升级改造为单动式发电机，发动力更为强劲。1782 年，在瓦特不懈的努力下，新的蒸汽机的试制工作大功告成，机器上多了联动装置，而且不再是单向而是旋转运动，至此，蒸汽机完美诞生。

瓦特祖母的“不耐烦”，其实可看成是瓦特成功路上的“干扰”，他最初的好奇心若是未能保持，他若不能专注于自己脑海中的“问号”，何来的蒸汽机呢？

做自己的事，要求我们有一颗对衷心之事有着持续热度的心，且不管外界的温度有多低，我们这份热度也不能“冷却”。

黛比·弗尔慈，出生于美国加州一个普通农家。成家后，她做了一位家庭主妇，生活捉襟见肘，非常拮据。为了改善生活，她计划创业，但到底该从事什么，她犯了难。她没有足够的资金作为支持，又没有特别的技术，该怎么办呢？仔细考虑之后，她觉得自己最擅长的就是烤软饼干，于是她决定开一家饼干店。

下定决心后，黛比联系了自己的朋友——一位行销专家，他在一家公司担任高级主管，对市场经济和市场行情了如指掌，而且黛比找他的另一个原因是，这位朋友对她的饼干赞不绝口。

见了朋友，黛比赶忙问：“你一直很喜欢我做的现烤软饼干，现在我想投放市场，你认为怎么样？”她满心期待着朋友的肯定答复，然而，朋友却说：“这根本行不通，没人会买你的现烤软饼干。”

朋友的话让黛比有些失落，但是她却没有动摇自己的决心。随后，她请教了很多食品方面的专家，希望得到他们的指点。然而，专家们还没听完黛比的想法，便纷纷表示反对，他们提出了一系列的问题，摆出了一堆她即将面对的困难。黛比没有灰心，她清楚，但凡创业就势必会遇到问题和困难，这是再正常不过的事情。

当时，黛比想到经常吃她现烤软饼干的家人，她觉得他们亲身感受过她烤出的饼干的美味，一定能理解她的想法，支持她创业。

母亲听了黛比的打算，温柔地说道："我不希望你每天站在热得要命的烤箱旁边去卖现烤软饼干，还不知道能不能赚到钱。"

婆婆听了她的想法，立即提出反对意见："那根本行不通。你从没有做过什么生意，家中的这点积蓄投进去，一旦血本无归，你们可怎么生活下去。"

原本想要从家人这里得到些支持的力量，结果还是一样，全都是反对的声音。不甘心的黛比又找到邻居、同事，不断向他们讲述自己的创业计划，希望能从他们那里得到宝贵的意见。

想不到的是，他们出奇地一致认为她绝对不会成功，不如就此放弃。最后，黛比想到了自己最好的朋友温蒂·马克斯，等她说完后，好朋友也泼了她一盆冷水，她说："我根本无法想象这点子成功的模样。"

尽管周围的人都不支持黛比的计划，但她选择一心一意投入自己的创业中。1977 年 8 月，她不顾旁人的反对，开了第一家现烤软饼干专卖店。开业当天，没有一个顾客进门，生意惨淡。当时，每家每户都习惯于自己动手烤饼干，如果出去买，也是青睐于那种有现成包装的脆饼干，所以软饼干并没有多大的市场前景。

面对此情此景，黛比没有放弃，她更加专注地经营自己的饼干店。

为了吸引顾客，她采取免费试吃的方法，她满脸微笑地端着一大盘饼干，请街上过往的人们试吃。在行人试吃的时候，黛比会和他们闲聊一下，交流彼此做饼干的经验，以此营造出十分融洽的氛围。一来二去，小店的生意渐渐有了起色。

黛比为饼干店投入了巨大的心血，一心要将自己的心愿达成。在她专注做饼干的同时，饼干店生意也越来越红火，甚至开起了连锁店，后来更是有了几十家。

慢慢地，黛比将小店的经营大权交给了本店的员工，她则专注于饼干的质量，专心致志制作美味可口的饼干。

时光荏苒，渐渐地，黛比的饼干店规模日益庞大。如今，从美国到世界各地的1400多个城市中，都有黛比的饼干连锁店，其年营业额达到4亿美元，一举成为世界最大的现烤软饼干店。

除了饼干店事业有所成就外，黛比还完成了《黛比厨房的一百道食谱》的创作，至今销售超180万册，成为第一本在美国纽约时报畅销书排行榜上有名的食谱。她的创业历程也受到外界的一致赞叹，其先后荣获“全美十大杰出创业女性楷模”等荣誉称号，演讲的邀约不断，她的人气也越来越高。

黛比常说：“只要认为自己是对的，就没必要在乎别人的看法，专注于自己的事就对了。”

做自己认为对的事情，坚持下去，重复下去，相信每个人都会收获属于自己的金色人生。

专注于心，高效于行

当我们为自己设定了一个目标，剩下要做的就是为目标的实现积蓄一切能量，积蓄的过程需要高强度的专注力，它会让我们产生无限的前行动力。

专注，自然是对某一事物或事件持续地关注，这即是一种重复，而因专注一事产生的从量变到质变的过程中所释放出的能量，也就是因重复而产生的令人惊叹的能量。

匈牙利有一个木材商，他有一个看起来有些呆傻的儿子，很多人都叫他“木头”。当这个男孩 12 岁的时候，他做了一个梦，梦见国王给他颁了奖，原因是他写的文章被诺贝尔看中了。

梦醒了之后，他很想把自己的梦告诉别人，但是他因为害怕别人会嘲笑他异想天开，所以只把梦告诉给了自己的母亲。母亲了解了儿子的梦以后说：“孩子，假如你的梦是真的，那么日后你一定会有出息的。人们都说，上帝将一个美好的梦想放到一个人心中的时候，他会真心地帮这个人实现梦想。”男孩从母亲的话中听出了鼓励，此后他便爱上了写作。

3年过去了，他的梦想并没有实现，不过他依旧怀揣着美好的梦想，没有放弃。又一个3年过去了，他还是没有实现自己的梦想。但他仍然抱着希望，孜孜不倦地努力着。就在他热切盼望早日实现自己梦想的时候，希特勒的军队来了，作为犹太人的他，被抓到了集中营里。

在那里，上百万人都失去了宝贵的生命，但他活了下来。随后，他便写出了他生平第一部小说——《命运无常》。10年后，他的第二部小说《惨败》问世了。此后的一段时间里，他又接连写出多部优秀的作品。

这时的他离梦想越来越近，但他似乎全然不知。不久，瑞典文学院宣布，将2002年诺贝尔文学奖授予他，他就是匈牙利作家——凯尔泰斯·伊姆雷。当记者采访凯尔泰斯·伊姆雷获奖感受的时候，他说："我没有什么感受。我只知道，当我说'我喜欢做这件事，什么困难也不在乎'的时候，上帝或许就会抽出时间来帮助你。"

凯尔泰斯·伊姆雷，"依靠"儿时的梦获得了成功，他的梦其实仅仅是个梦，可他因为将其当真，并用一生之力持续地去实现这个美梦，所以他梦想成真了。

生于1744年的著名博物学家拉马克是11个兄弟姐妹中最小的，父母对其十分疼爱。拉马克的父亲希望他长大后成为一位牧师，所以便把他送到了神学院读书。之后由于德法之间爆发了战争，拉马克因此被征入军队成了一名士兵。

在服役期间，拉马克因为身体原因未能精忠报国。退伍后，他对气象学“一见钟情”，并立志要成为一名气象学家。此后的一段时间里，他总会仰望多变的天空，做着自己气象学家的美梦。

不久之后，拉马克在银行就职，这时他的思想又发生了变化，他对金融业情有独钟，也决心要成为一名金融家。当金融家的梦想尚未实现时，他的梦想又发生了转变，他爱上了音乐，每天都吱吱呀呀地拉着小提琴，梦想着成为一个伟大的音乐家。

一段时间后，拉马克的哥哥规劝他去学医，以后当一名医生。听从哥哥话的拉马克马上投身医药业，可是经过四年的学习，他发现自己对医学的兴趣并不大。就在这时，法国著名思想家卢梭在植物园里遇到了24岁的拉马克。卢梭很喜欢拉马克，于是把他带到了自己的实验室。

在卢梭的实验室里，满脑子都是梦想的拉马克立即被神秘的科学牢牢地吸引了，他决心从事科学研究。这一次，有些成熟的他没有“见异思迁”，而是用了整整11年的时间系统地研究了植物学，并写出了名著《法国植物志》。

35岁时，拉马克成为法国植物标本馆的管理员，随即他又花费了15年的时间研究植物学。

50岁时，拉马克“触类旁通”地开始研究动物学，他在动物学上奉献出了35年的时间。

“见异思迁”的拉马克，其实在潜意识的驱使下，始终在寻觅那个能让他终其一生去坚持的美梦。当他一眼看到了“自然科学”，他内心最强大的专注力即刻被牢牢吸引，他也调动起一切身体、思想动能，在这条被其确认之路上无限重复，终而有了大成就。

聚焦一事，方成万事

世界上的每个人在具备一定外在条件及内在条件下，都是可以获得某种成就的，而这里所谓的外在条件和内在条件，并非遥不可及、难以具备的，或者更直白点说，那些伟大的成就大多都是通过一种简单的方式产生的。这种方式，即是专注。

有意义的专注，能产生能量的巨大价值的专注，自然是建立在无限重复的基础上的。当年，法国著名作家莫泊桑在最初步入写作行列时，他的老师便教会了他一种非凡的“能力”。老师告诉他，不必跟他学习任何写作技巧，只要走上大街，看着街上来往驾驶马车的车夫，盯住其中一个，若是能把这个车夫的特质描述出来，并与其他车夫迥异，那么在写作上也就“无师自通”了。果然，莫泊桑这样去做了，他得到了闭门造车一般的写作训练所得不到的心灵力量。

还有一个人，他是颇有名气的说书人，有人曾问他为何他的眼睛看起来特别有神，目光炯炯，说书人道出缘由：每天晚上，他都会点燃一炷香，之后将所有灯都关上，用半小时的时间盯着那一炷香，日复一日，几年后，眼睛便自然透着常人所没有的光了。

毫无疑问，成就莫泊桑成为文豪的原因，与令说书人眼睛有光的原因一样，皆是因为他们专注，且在持续不断地重复着一件事，经年累月，由此产生的力量便是令人瞠目结舌的。

世上的人大多智商相仿，有些看似平庸之人却能取得不俗成就，并非是他们突然“天赋异禀”，而是他们比别人更努力、更用心，更能持续不断地做简单的事。

海尔集团创始人张瑞敏曾说：“什么是不简单？能够把简单的事千百遍做对，就是不简单；什么是不容易？大家公认的非常容易的事情认真地做好，就是不容易。”

从简单到不简单，从容易到不容易，中间即是以专注为桥梁，借由重复之力，终而方能缔造世间奇迹。

相反，如果一个人把精力和专注力分散到更多领域，或者说，总是在一股短暂热情的驱动下频繁更换目标，这显然是不专注，而结果会如何，是可想而知的。

有这样一个刚刚从学校毕业的大学生，在学校期间表现出色，成绩优异，个人素质极高，步入社会后，最初在工作岗位上所表现出来的工作能力也超出同龄人，同时，他也与其他不少有志的同龄伙伴一样，对未来充满希望，且积极进取。

按理说，这样一个优秀青年，将来的人生必然是一片坦途，他在周围人眼中也确实是个前途无量之人。然而，10 年过去了，他却变得平庸，甚至身上的激情尚且不及10年前那些没他优秀的同龄伙伴。原因是什么呢？

原来，在这10年中，他曾制定过很多人生目标，注册会计师、考托福出国、开公司当老板……他的这些目标都很不错，可问题是，却没有一个是从他当时的实际情况出发的。直白点说，他好高骛远，且无法聚焦于一事，终而万事难成。

就这样，他的全部精力和时间都花费在“做白日梦”上，梦想着自己有朝一日会如何，当年那股冲劲和干劲，也随着时间的流逝以及在每一个目标的耗损上消磨殆尽了。

人的生命有限，哪里有更多精力同时把几件事都做得十分出色呢？又或者说，在我们短暂的人生当中，若我们有幸以重复之力把一件事做得尽善尽美，也足以博得他人的赞同，更重要的是自己的内心饱足了。

无论是在企业还是在工作岗位上，抑或是生活中，只用心做一件事，懂得慢慢积累，便更容易获得成功；精力分散，力量分散，“破坏力”也就越小，由此付出的“成本”反而可能会越大。所谓“滚石不生苔”，若想要有收获，必须得在一个地方安安稳稳，深扎其根。

不少人都觉得中国在跳水这一体育项目上有着“得天独厚”的优势，提起跳水，潜意识中便觉得中国必定会拿冠军，为什么呢？这是中国几代跳水健儿的努力才在大众中造成的“惯性”效应，而这种惯性的形成，其实远没有想象的那么简单。

有人曾研究过中国的跳水冠军，发现他们基本都要用差不多10年的时间反复练习同一个动作，如此枯燥乏味的简单举动，却为祖国赢得了无数的鲜花与盛赞。可是，谁又能想象十年如一日的重复之举到底有多艰辛呢？

每一种成功都非一蹴而就，在看似简单的背后，是一连串的波折与坎坷。如果我们每个人都能用 10 年的时间去做一件事，会有什么样的结果，是可以预想的。任何一个组织、团队、个人，想谋求发展、做出成绩，若不做到专注一点、持续重复，是无论如何也不可能登顶的。

都说“庸人爱自扰”，这是因为庸人常常要把更多时间用在思考如何不被人“看扁”“瞧不起”上，在面子上大下功夫，却在脚踏实地上大打折扣。其实，专注自己的事，重复做简单的事，即是放下所谓的“架子”，踏实去做、用心去做。

每件事都可能因为专注而变得伟大，前提是我们能够克服因重复而来的“孤独感”。当我们拥有了一份平和之心，泰然处世，以一心行万事，聚焦一点，持续发力，奇迹也将被我们缔造！

PART 5

锁定目标
方向明确才能够做得更好

人生，是不断设定新目标的过程，没有终点的重复，宛若莫比乌斯环。

目标就在你的前方

英国诗人华兹华斯说："高尚的目标能切实地保持，就是高尚的事业。"微小的目标可以让我们的日子过起来更有希望，远大的目标则能让我们的人生更完整。古巴有句谚语：吃饭是为了活着，活着不是为了吃饭。

第一种人，吃饭只是为了维系生命，而后有更高远的目标需要实现；第二种人，则比较短视，胸无大志，他们也很难在一件事情上有"重复"之心。"高尚的目标能切实地保持"，这亦是以重复之力实现目标。

喻渭蛟，浙江桐庐人，生于南方。

1985 年，19 岁的喻渭蛟只身一人来到陌生的杭州。起初，他以木工谋生，慢慢地，越发意识到单打独斗的前途渺茫。随后，他努力积累资本，最终得以靠着一己之力组建起一支装修队。

正值青年时期，二十几岁的喻渭蛟浑身上下充满了干劲儿和活力，他不怕吃苦，勤勤恳恳经营着自己的装修队。功夫不负苦心人，他用了

5 年的时间，成立了一家装修公司，当上了老板。

喻渭蛟颇有商业头脑，他琢磨着要不要招揽异地的业务。思来想去，最终做出了招揽的决定，开始了异地业务的往来。

通往成功的道路总是坎坷的，喻渭蛟也不例外。在他苦心付出的同时，也遭遇不少麻烦。有一回，由他承包的工程陷入一场债务纠纷，最终带来 180 余万的经济损失。当时的 180 万可谓是巨款，喻渭蛟不仅赔光了全部积蓄，更是背上了沉重的债务。

面对此次失败，喻渭蛟没有心灰意冷，一蹶不振，相反，他知道一切都可以从头再来，继而，他开始探索全新的领域——快递业。

2000 年的中国，经济突飞猛进，也呈现出各式各样的发展机遇。在喻渭蛟的老家，已经有人率先从事快递行业，人数并不多，但这行却拥有广阔的市场前景。看着眼前的商机，喻渭蛟犹豫着要不要挤入这个行业。

是年 5 月，34 岁的喻渭蛟决定再次出发。他向亲友借了 5 万元作为本钱，带着装修公司的 17 名员工奔赴上海，开始了新的创业。这一次，他成立了圆通速递有限公司。在圆通营业后的 3 年内，由于业务量太少，难以维持公司的正常运转，所以一直处于亏损的状态。即便如此，喻渭蛟没有想过放弃，他始终怀揣着最初的目标，并决心实现它。

为了让公司早日转亏为盈，他带头每天早上 6 点起床，一忙就是一天，往往后半夜才开始休息。

虽然喻渭蛟非常努力，但他依旧为生计而烦恼，甚至米面油都需要赊账购买。他的不容易，让妻子张小娟尤为心疼，她不忍心看着丈夫如此辛苦，便劝他改行。而面对妻子的一再相劝，喻渭蛟没有丝毫动摇，他不愿放弃，他坚信“快递的春天一定会到来”。

如今，再回顾往昔，他云淡风轻地说：“没有谁的成功是轻轻松松的，你去问问那些创业的人，谁没有几斤眼泪？”

圆通成立初期，业务特别难做。圆通的一个业务员去一家国际贸易公司跑业务，以失败告终。喻渭蛟得知此事后，便亲自出马，他向客户保证：“我们能送到的件，我一定送到。如果我们没有能力送到的件，我会请邮政来帮忙送，我一定负责做好交接工作。”这番话赢得了这家公司的信赖，双方最终成交了一笔大订单。这一次，不仅为圆通打下了物质基础，更赢得了一个可靠的合作伙伴。此后，与圆通合作的大企业越来越多，其业务量也越来越大。

“很多人说圆通做大是从 2008 年开始的，我可不认同。”在喻渭蛟眼中，圆通能够走到今天，不是突飞猛进，而是通过点滴的积累，靠着全体员工的坚持。

2005 年，喻渭蛟做出了一个重大决定——与阿里巴巴合作。当时，电子商务处于初步发展阶段，谁也无法预测电商将来会发展到何种程度。喻渭蛟认为电商会有所作为，便以较高的价格与阿里巴巴达成合作，圆通的高层对此纷纷表示反对，喻渭蛟却决定坚持。他的此次决策对圆通的发展尤为重要。随着电商领域的蓬勃发展，快递业也逢上了难得的发展机遇。

为了适应市场的需求，喻渭蛟开始对圆通的未来做出新的规划。他说："2007 年我去 UPS 国际快递考察，对快递业有了完全不同的认识"，"关起门来看自己觉得已经是有钱人了，但走出去，看到人家的规模、管理的信息化程度，我真的是目瞪口呆。"

见识到国际水平，喻渭蛟回国后开始着手变革圆通的管理模式。2009 年，圆通与 IBM 针对数据建立达成合作。为此，圆通斥资数亿元，打造以金刚核心业务系统为主体的信息技术平台，目的在于帮助消费者跟踪自己的寄件信息，还可以及时推送岗位信息，帮助员工明确工作。这套体系，正是如今必不可少的物流查询系统。

大力提升软件的同时，喻渭蛟没有忘记更新硬件。2005 年，他有心购买飞机，但无奈于经济实力不够。2007 年，他去国外转了一圈回来之后，坚定了置办飞机的想法，他认为"空网和路网的无缝对接是快递品质提升的重要环节，只有这样才能真正走向全球。"

2012 年 6 月 4 日，一架属于圆通的波音 737 货机在杭州萧山国际机场出发飞往深圳，意味着圆通速递的全货机运营模式开启。喻渭蛟说："以前我们的快递主要是靠轮子在地面跑，现在插上翅膀起飞了。"

7 月 9 日，圆通又拥有了第二架波音 737-300F 全货运飞机，在江浙沪、粤港、京津冀区域之间实现了飞速投递，用户可以享受"次晨达"与"次日达"服务。随后，第三架、第四架全货运飞机陆续启用。

"先行一步，就是每一天都在奋斗。"这是喻渭蛟的人生信条，也是圆通的发展理念。

对自己的目标坚定不移地执行下去，奋斗下去，不断以更高的要求勉励自己，这是“喻渭蛟式”的坚持，也是他成功的基石。

既然确立了自己的目标，喻渭蛟决定在这条路上坚持到底。如今，他的时间基本被分割为两大部分，一部分花在上海，另一部分花在杭州。

对于未来，喻渭蛟亦有明确的计划，他认为“眼下最大的竞争就是人才的竞争，准备在杭州开办一个圆通学院、圆通大学生就业创业中心，用于培养和打造企业所需要的人才，同时也为行业输送人才。”他十分清楚人才的重要意义，所以不断为圆通招收优秀人才，为管理层注入新鲜的血液。

同时，对圆通的未来，喻渭蛟将目标锁定在国际化上。他表示，圆通会着重构建国际化业务。在快递行业竞争日益激烈的今天，向资本市场寻求发展契机是诸多大佬的做法。无论如何，喻渭蛟的快递梦还在继续，他正不断朝着新的目标迈进。

实现一个目标后，再设定更高的目标，在逐渐攀至更高山峰的过程中，需要的是重复信念、重复奋进。用目标刺激自我，激发内在潜能，即会让重复的力量更强。

定位自我才能走得更远

做事有目标的人，行动起来也更有干劲，因为他心中始终有一个固定的方向，只要低头看路，循着一个设定好的路线持续向前，总能到达心中的彼岸。反之，缺失目标者，是被时间推动着被动而行，他们流下的不比成功者少的汗水，似乎都失去了意义。

哈佛大学曾发起一项关于“目标对人生影响”的跟踪调查，挑选部分智力、学历及成长环境等条件相差无几的年轻人作为调查对象，调查内容则是对他们为自己制定的未来规划进行分析。

第一次调查结果显示，其中27%的人没有为自己制定目标；60%的人对自己的目标没有确切的认识；10%的人为自己制定了明确的短期目标；仅有3%的人制定了确切的长期目标。

随后，经过25年的跟踪调查，有了新的结果，十分耐人寻味。

拥有确切的长期目标的人，在这25年中仍然坚持着自己的人生目标，未曾有半点改变，始终努力去实现自己的目标。最终，这3%的人群，无一例外地取得了一番成就，成为社会各界的成功人士；拥有明确的短期目标的人，他们不断实现着自己的目标，一步一步慢慢成长，在实现了一个个短期目标之后，最终成为各领域的精英人士；对目标模糊不清的那部分人，他们处在社会的中下层，虽能有稳定的工作，却没有任何出彩的地方。

最后，那部分压根没有目标的人，基本上都处于社会的底层。他们的经历大多相仿，工作不顺，生活不顺，甚至有些人难以自力更生，要依靠社会的接济过日子。此外，他们的生活中充满抱怨，对他人、对社会、对世界都心怀不满。

西方有句谚语："如果你不知道你要到哪儿去，那通常你哪儿也去不了。"没有方向的人，自然更容易忙忙碌碌一生，却毫无所成。有目标的人，多了一份对成功的渴求，也就更多了一份执着的努力。为了实现目标，他们会制定翔实的计划，然后按照既定的路子一步步走下去。这个过程中，即便再苦再累，他们都甘之如饴，不断加快前进的脚步，如此，也就更容易成功。

目标明确，也就意味着更了解自我。设定目标的过程，即是定位自我的过程。而在这个过程中，重复着修正自我，寻觅到令自己可释放出体内最大能量的媒介，这种在精准、清晰目标支配下的重复，所能产生的动能亦是不可估量。

莎士比亚是文艺复兴时期杰出的文学巨匠，他出生于英国中部埃文河畔的斯特拉福镇，家境优渥，有着无忧无虑的童年时光。4 岁时，他的父亲当选为"市政厅首脑"，成为一镇之长。

当时，经常有剧团来斯特拉福镇巡回演出，这对莎士比亚的影响甚为深远。在他的眼中，几个演员能够通过在小舞台上的演出，生动地展现历史和生活中的故事，这是一件特别神奇的事情，这让他对戏剧着了迷。

天有不测风云，原本平顺的生活被突如其来的意外打破了。

莎士比亚 14 岁时，他作为商人的父亲经商失败，生活一下子变得艰难起来。无奈之下，莎士比亚只得离开学校，回到家充当父亲的帮手。

18 岁时，他与年长自己 8 岁的女子结了婚，21 岁时，他已经是 3 个孩子的父亲。他常常因为妻子比自己年长而对自己的婚事感到遗憾，他曾在自己的作品中感叹道："女人应该与比自己年纪大的男子结婚。"虽然有所失落，但对妻子和孩子，他依然尽心尽力去照顾。

1586 年，莎士比亚跟随一个戏班子来到伦敦，并在剧院找了一份工作——为骑马来剧院看戏的观众照看马匹。虽然是份不太光鲜的工作，莎士比亚却仍认真工作，毕竟这时的他开始慢慢靠近戏剧。在他的努力下，骑马的观众对他的服务非常满意，对他十分信任。由于找他看马的观众比较多，工作量也就比较繁重，莎士比亚一个人应付不来，便找来一群小孩子帮忙，人们称他们为"莎士比亚的孩子们"。

工作之余，莎士比亚没有忘记自己来到这里的目的，闲暇之余，他会悄悄观看戏剧。不管多忙，他都坚持自学文学、历史、哲学等课程，更凭借自己的努力掌握了希腊文和拉丁文。而让他更兴奋的是，每逢剧团需要临时演员时，他都是第一人选。尽管是配角，他依然认真对待，凭借着极高的领悟力和精湛的演技，他赢得了剧团的好评，不久便成为剧团的正式演员。

当时，一部戏能否赢得观众的喜爱，一个是靠演员的表演能力，另一个则是剧本的好坏。如果一部戏难以让观众喜欢，这部戏就会被停演，所以剧团渴求好的剧本。

莎士比亚在 27 岁时，首次尝试历史剧的创作，写了《亨利六世》三部曲，一经上演，便获得极高的赞誉，一时间，他成为伦敦戏剧界炙手可热的剧作家。

莎士比亚的小成，自然得益于对戏剧的不断追求，他不仅苦练演技，还阅读大量书籍，广泛涉猎，逐渐对祖国的历史和人民的命运有了更为深刻的了解和认识，这才写出了备受称赞的剧本。

1595 年，《罗密欧与朱丽叶》问世，一时引起了社会性的轰动。莎士比亚被广为人知，人们争先恐后地前往剧院观看这部作品，不禁流下感动的泪水。

成功的背后，是莎士比亚的辛勤付出，他不断对这个剧本加以修改，使其日趋完美。人们难以想象他在这期间的不易，然而莎士比亚对此却甘之如饴，他把这份辛苦当作乐趣。

1599 年，工作几年后，莎士比亚有了不少积蓄。当时，他不仅成为环球剧院的股东，还在家乡置办了房产和土地，这一切都要归功于他的勤奋和执着。对于自己热爱的戏剧，他始终坚持创作。后来，他的两位故交因为参与改革政治、发动叛乱，一个被执行绞刑，一个被关进监狱，他为此愤懑不平。在激烈情绪的推动下，他创作出《哈姆雷特》，并出演其中的“幽灵”一角。

对莎士比亚而言，戏剧与他的生命是融为一体的，他的每一部作品都包含着他的喜怒哀乐。他笔下的每一个场景，每一个人物，无不诉说着他的命运和人生，他将自己的身心全部投入戏剧中。

后来，莎士比亚又相继写出了《奥赛罗》《李尔王》和《麦克白》，它们和《哈姆雷特》一起被称为莎士比亚的四大悲剧。在莎士比亚的作品里，时代的大背景和个性鲜明的主体表达都足以吸引每一个看故事的人，这一切也都足以证明莎士比亚的创作艺术来源于生活，写照于人生。

莎士比亚说：“放弃时间的人，时间也放弃他。”“智慧里没有书籍，就好像鸟儿没有翅膀。”

努力奔向自己的目标，即是借助重复之力达成所愿的过程。定位自我，“循规蹈矩”地徐徐向前，在安步当车的闲适中，即可收获瑰丽人生。

下一秒，为时不晚

行动力，抑或是执行力，无论在职场中还是生活中，都是非常重要的一种个人品质，它的强弱，在某种程度上决定了一个人核心竞争力的高低。从另一个层面看，确立目标后，行动力、执行力越强，也就越容易达成目标。更关键的还在于，行动力、执行力的重复频率越高，所能创造出的价值越大。这里的价值，可以狭义地理解为个人成就。

相信大家对杨澜并不陌生，她当过主持人，做过制片人，不断变换着自己的身份，不断调整着自己的目标。无论是在传媒界还是商界，她靠的是睿智、果敢和行动，她不断深入地了解自己，从而明确自己的人生价值来自何处，在拼搏奋斗的路上成为人生的主人。

谁也想不到，今日风光万千的杨澜，在还是北京外国语大学的一名大学生时，对自己十分没有信心，她说："我经常觉得自己不是一个有才华和极端聪明的人。"不过，这个对自己并不自信的女孩，却有着极为清晰的人生规划。

1990 年 2 月，恰逢中央电视台《正大综艺》节目组面向全国招募主持人，杨澜也参与其中。她的主持风格清新自然，而且站在台上十分大气，能镇住场面，在多轮筛选后，她渐渐脱颖而出。美中不足的是，她相貌平平，经过一次又一次的试镜后，她始终是被考虑的对象，不是确定的对象。

这一点让杨澜很愤懑，她找到导演，表达了自己的想法，她说："为什么非得只找一个女主持人，是不是一出场就是给男主持人做陪衬的？其实女性也可以很有头脑，所以如果能够有这个机会的话，自己就希望做一个聪明的主持人。"导演听完，倒是十分诧异，忽然意识到眼前这个女孩才是最适合节目的人选。

杨澜说："我不是很漂亮，但我很有气质。"正因如此，杨澜成为《正大综艺》的主持人。

进入央视后，每天的工作让她深深意识到，传媒工作是她由衷热爱的，她立志为这份事业奋斗。勤奋的人总是能有所收获，通过努力，杨澜将"十佳"电视节目主持人称号，甚至金话筒奖纷纷收入囊中。

达到一定高度后，杨澜开始思索自己以后的人生，她也确定了走传媒这条道路。在央视的4年里，她积累了丰富的工作经验，也获得了极高的知名度，她的眼界也今非昔比，以前她只是意识到自己热爱传媒，此刻，她决心把一生奉献给传媒。

然而，时间久了，杨澜对自己的境遇感到些许不满，她说："一开始央视让我一下子进入一个殿堂，但是我往下一看，空空如也，下边的基础都不是我自己建起来的，是一个庞大的机构赋予你支持，我觉得特别不踏实，所以我得自己从下边垒砖头慢慢起来，这样才会踏实。”她对自己的现在和未来有了新的认识，也有了新的目标。

随后，她果断从央视辞职，奔赴美国，开始她在美国哥伦比亚大学的留学生涯。她选择的专业是国际传媒专业。

当时，杨澜仅有26岁，可她的心智却已经足够成熟，对人生有着一份担当。只身一人来到美国后，她面临着众多苦闷，她说：“有些人遇到的苦难可能比别人多一点儿，但我遇到的困难并不比别人少，因为没有一件事是轻而易举做成的，需要经历的磨难委屈，一样儿也少不了。”

面对苦难和挫折，杨澜没有退缩，反而勇往直前，这极大地锻炼了她的意志力。对于这次选择，杨澜认为是十分有意义的。在这期间，她不仅了解到先进的传媒理念，更有机会与众多成功的传媒人近距离交谈。正是这些经历，让她意识到，主持人的工作对她来说已经不足以施展自己的抱负，因此她制定了新的目标——幕后制作。随后，她着手与上海东方电视台合作，联合打造了《杨澜视线》栏目，以此为平台探访美国的政治、经济、社会、文化领域。以其独立的视角打量世界，并传达给观众。

杨澜为《杨澜视线》呕心沥血，不仅包揽了主持人、撰稿的工作，还扛下了策划和制片的重担，充当起幕后制作人的角色。她的付出没有白费，这档节目在国内52个省市的电视台播出，可见其受欢迎程度。

《杨澜视线》让她顺利跻身媒体制作人的行列，圆满实现了自己的目标。通过这次艰辛的转折，杨澜认识到自己的目标是正确的，她在不断尝试中接触着新的领域和新的事物，从中确定了自己的方向。

1997 年，杨澜返回国内，她的心中怀揣着对未来的向往，她需要找到合适的定位。此时，凤凰卫视中文台成立不久，杨澜看中了它的平台，决心与凤凰卫视携手并肩。经过精心筹划，1998 年 1 月，凤凰卫视为杨澜量身打造的《杨澜工作室》正式开播。节目中，她端庄优雅的姿态，成熟干练的风格，深受广大观众的喜爱。

台上，一人无限风光，台下，杨澜为这个节目劳心劳力。为了《杨澜工作室》，她担负起大小事情，诸多琐碎，都是她亲力亲为。在节目开播的两年多内，前后共计采访了 120 余位知名人士。付出的同时，她也收获了弥足珍贵的经历。

在凤凰卫视这个平台上，杨澜再次开阔了视野，有了新的见识，同时，对个人的期待和人生的规划也有所改变。这一次，杨澜决定重新开始——她从凤凰卫视辞职，干脆利索地恢复了“自由身”。离开凤凰卫视之后，她没有急着开始新的旅程，相反，她选择停下来认真思考未来。她说：“我需要一些时间来沉淀自我的心性。”

杨澜再次进入人们的视线，是在 2000 年 3 月，有媒体报道她成功收购良记集团，并更名为阳光文化网络电视控股有限公司，由此顺利上市，致力于创建属于她的传媒天地。这是她对人生新的规划和目标，她要将这么多年来许多未能实现的媒体理念付诸实践。2004 年，在公司取得重大发展之后，公司再次更名为阳光体育，同时，杨澜辞去董事局主席的职务，全心全意地投入到了文化电视节目制作中。

三次新的选择，三次转折，杨澜是理性的，她知道自己想要什么，而什么又是最合适的。对于自己的人生，她始终有着明确清晰的方向——搞传媒，并以此为基，一点一滴地积累养分，最终开花结果，一步步靠近自己的终极目标。

在《凭海临风》一书中，她记述了乘坐热气球的经历：看着热气球操作员熟练地调整气球高度以适应风的方向，最终的落脚点却依旧要听命于自然，她感受到了热气球的魅力正是源于此处，可以操控，却又充满未知。她感慨道："其实人生的乐趣也是如此，全在这定与不定之间。"

知道结局的电影永远不会太精彩，了解胜负的比赛永远不会太好看，正是由于那些未可知的因素，我们的生活才神秘而多彩。在我们匍匐前进的时候，只要大概的方向不变，目标就可以不断地提高。只要自己的信念坚定，为自己的规划做出行动，永远都不会太晚。

杨澜从最初锁定目标，到不断变更目标，她的方向从未改变，只是在不断提升自我跳跃的平台而已。我们的人生也应如此，在重复性地摸索未来的路径上，永远怀着初心探索未知，"轻装上路"。

反推：目标清晰，重复有力

在大多数情况下，我们在设定一个目标之后，即会朝着它奋勇向前。意志力坚强者，在遇到困难、面临困境时，依然能坚守初心，锁定目标，排除外难。而意志力薄弱者，他们的奋斗看上去如儿戏一般，毫无精气神，时常半途而废。

事实上，我们在设定目标之后，若能时常“反推”，在一个图景当中设定出具体的目标规划，这更有利于我们达成目的。换言之，倘若我们的意志力不够强，无法承受更大的外界压力和心理压力，那么通过“反推”，就会构建出更加清晰的目标，我们在“重复”时，也就更有后续动力。

休斯敦大学有一个名叫迈克尔的学生，他主修计算机专业，可这个19岁的理工男孩却更钟情于音乐，他对音乐的爱几乎超越了一切。更难能可贵的是，他天生一副好嗓子，这也让他在音乐之路上的追梦之旅变得更加可行，增加了制胜的筹码。

身在计算机专业中的迈克尔，从未打算在这一领域有何成就，他的心思都扑在了音乐上，希望成为著名的音乐家。在这种梦想的督促下，他把课余时间都用在了音乐创作上，渴望通过一点一滴的积累达成梦想。

迈克尔在音乐上表现出的天赋实在令人震惊，宛若天籁般的嗓音实在难得，只是，对音乐钟情的他却有一个短处，不太会写歌词。这一点难不倒他，因为他很快有了一个帮手，名叫凡内芮，他在歌词创作上有自己的风格。

经过短暂相处，两个年轻人因音乐走得更近，凡内芮获知了迈克尔的音乐之梦后，也决心与他一起努力，最重要是助他一臂之力。凡内芮觉得凭借迈克尔的天赋，将来必定会在音乐领域大有建树。

两个坚持音乐梦想的年轻人，其勇气和信心是值得钦佩的。只是，梦想再好，若没有实现它的土壤，一切也只是空谈。对他们两个初出茅庐的年轻人来说，音乐界和美国唱片市场听上去宛若蜃景，看得见，却无法触及，如梦一般虚无缥缈。而想要在音乐界“建功立业”，发行自己的唱片是必须的，可这都是建立在有自己的发行渠道的基础上，而难点就出在这里。

两人有一次闲聊，凡内芮脑子里突然冒出的一个“小问题”，成了解决一切“大问题”的最佳途径。他问迈克尔的小问题是：5 年后你在干什么？

迈克尔一愣，随后开始思索问题的答案，可还没想出个所以然来，凡内芮又接着说：“你先不要着急，仔细思考一下，想清楚后再告诉我也不迟。”

迈克尔一头雾水，开始陷入了沉思。片刻之后，他对凡内芮说：“首先，5 年之后，我希望市场上能有自己的一张独立唱片，同时这也必须是一张广受欢迎的唱片，可以得到消费者的喜爱；其次，5 年之后，我希望可以每天与世界一流的音乐家为伍，最好是住在一个能汇聚他们的地方。”

说完，迈克尔双眼不禁放光，似乎这一切设想都已经变成现实。凡内芮听了他的话后说：“好极了迈克尔，你所说的这一切即是你的目标，现在，我们似乎应该把你这个大目标‘倒过来’看，采用反推的方式看。你不妨这样设想一下，假设在第五年的时候，市场上已经有了你的第一张唱片，这意味着你在第四年时，必然要签约到唱片公司，不然何来的唱片？然后呢？第三年时，为了让更多唱片公司有机会发现你，试听你的唱片，就务必创作出一个看上去很棒的作品。第二年，你的作品应该更多，以便从中挑选出更出色的，同时还要为那个选中的作品录音。第一年，零散的作品需要系统化地整理好，加以排练。第六个月，用心打磨未完成的作品，以便筛选。第一个月，手上未完工的曲子尽快搞定。第一周，首先列出一个作品清单，看哪些曲子要修改，哪些应立即完工。”

凡内芮说完了这些，迈克尔不禁怔住了，因为这些是他从未想过的。凡内芮看着发愣的迈克尔继续说：“如果上面的每一步你都按部就班，有条不紊地做完，那么你已然有了一个绝对完整的计划，眼下，你的当务之急即是认真地去完成每一步，相信 5 年后你的梦想必然会实现。”

凡内芮“反推”出的迈克尔的目标，看起来是那样的清晰而容易实现，每一步看上去都非困难重重。而最终的结果也正如所有人预料的那样，迈克尔成功地在 5 年之后达成了目标，他的唱片远销欧美，世界顶尖的音乐奇才也都与他为伍。

显而易见，“反推”出目标后，眼下要做的事情就没有想象中那么棘手了。解决最重要又最紧急的事情，即是向成功迈出的第一步。更关键的还在于，当目标划分得越发清晰，施以的“重复”也就更加明确而有力，此时的重复，是在循序渐进中自然流泻的，不刻意、不做作，没有难以坚持之感，一切都如呼吸般顺畅。

只有一个目的地

我们的大脑可以处理的信息量大得惊人，可每天有太多无用的信息耗费了我们的心神，致使我们在真正能创造价值、有意义的事情上只投入了很小的一部分能量。引申来说，我们的人生不应该有太多“平行目的地”，我们要分出主次，要在凌乱的一堆目标中找到最重要的一个，找到那个能让我们获得人生终极幸福的那个。

著名作家爱默生说：“生活中有一件明智的事，就是精神集中；有一件坏事，就是精力涣散。”

且不说锁定一个伟大的人生目标后如何去实现，单单是拿学生学习作为例子，就足以说明精力集中，目标单一的重要性了。学生在学习的过程中，若无法专注地去攻克某一难题，他们就必须把精力投入那些更有“产出”的事情上，涣散的注意力总会让他们无所适从，难以瞄准一点，持续发力。

当然，盯住一点并重复去做并不容易，但这也是守住一个目的地，奋力抵达终点的唯一且最有效方式。

古代有一个极善射箭的人，可谓百发百中，其人名叫甘蝇，他有一个徒弟名叫飞卫，这个徒弟禀赋极高，加之学习刻苦，射箭的技巧慢慢超过了师傅。

飞卫也有一个徒弟，名叫纪昌，他希望能把射箭技巧练得出神入化。只是，飞卫并没有马上传授他什么技巧，只是告诉他，先学会看东西不眨眼，之后两人再谈关于射箭的事。

纪昌回到家后，为了练习不眨眼，就仰躺在妻子的织布机下面，双眼紧盯着织布机上的梭子。这一简单的练习，纪昌持续了几年。最后，他练到了即便锥子的尖刺到他眼眶上，他也可以做到不眨眼。

纪昌找到飞卫，把自己如何练习以及练习的成果如实告知，飞卫却又说："这还不够啊，还要学会视物才行。要练到看小物体像看大东西一样清晰，看细微的东西像显著的物体一样容易，然后再来告诉我。"

为了达到师傅说的这种程度，纪昌把一只虱子用牦牛尾巴的毛拴上，将其悬在窗口。此后，纪昌每日都盯着那虱子看。10 天后，他看那虱子似乎渐渐"变大"了；过了几年，他眼中的虱子已经有车轮大小。掌握了这种特别的"视物"之法的纪昌，看一般的东西基本都如山丘一样大小了。索性，他拿起弓箭朝悬着的虱子射去，一箭正射中并穿透了虱子的中间，可拴虱子的牦牛毛却并无损伤。

纪昌又把自己如何练习以及练习的结果告知了飞卫，这次，飞卫兴奋得直跺脚，对纪昌说："你已经掌握了射箭的诀窍了！"

不消说，纪昌学习射箭这一目标，在其学习的过程中从未变更过，他锁定了这一终极目的，而后朝着目的地持续向前，无论是10天还是几年，他都能一如既往，重复着枯燥的练习，终而成为箭术奇高之人，这也是在情理之中的。

重复着做一件事到一定程度，即会让人享受到借由重复而生出的专注所带来的奇妙之果：齐白石专注于画虾、黄胄专注于画驴、徐悲鸿专注于画马、李苦禅专注于画鹰，他们均是在各自的领域取得非凡成就之人，而他们所获得的成就，无一不是因最初有一个“终极目的”，而后他们循序渐进，以专注之心朝着这个目的徐徐前行——这也是重复所产生的强大力量的最佳体现。

因为重复，所以专注。

南美洲的亚马逊河流域，是野生动物的乐园，这里聚集着多种多样的猛兽，陆地跑的，水里游的，应有尽有。在亚马逊河边，有一群羚羊悠然地吃着郁郁葱葱的青草，全然不知暗藏的危机正在向它们靠近。

不远处的草丛里，一只猎豹正伺机而动，竖起耳朵聆听着一切动静。它看到了这群羚羊，希望在其中觅得一顿美餐。

这只猎豹很讲方法，它悄悄地向羚羊群靠近，尽量不让自己暴露。突然，羚羊群有所察觉，开始四处奔跑。

猎豹见状，如离弦之箭一般冲向羚羊群。此时，它快速分辨目标，把眼光锁定在一只还未成年的羚羊身上。这只小羚羊略显笨拙，由于年幼，奔跑的速度也自然缓慢。

羚羊在动物界的奔跑速度相对较快，可猎豹更是出了名的“运动健将”。在追逐的过程中，有些羚羊已经被猎豹超越，可它并没有改弦易辙，掉头追逐那些被其超越的羚羊，而是始终盯着那只它锁定的年幼羚羊。

没过多久，猎豹和年幼羚羊都累了，速度均明显降了下来，可猎豹仍然拼尽全力，最后终于将前爪搭在了年幼羚羊的屁股上——它成功捕获了猎物！

猎豹之所以可以成功捕获猎物，就在于它足够专注，且能“持之以恒”，绝不会因中途有更诱人的机会而放弃最初设定的目标。人类也是如此。我们在下定决心去做一件事时，必然要对达成事情有一定的心理预期，猎豹知道选择年幼的羚羊，我们也自然会选择更实际的目标。而一旦确立了目标，便绝不能更改，剩下要做的，即是朝着这个终极目的地一路向前，重复再重复，这才是收获成功的根本。

有人问爱迪生：“成功的第一要素是什么？”

爱迪生回答：“能够将你身体与心智的能量锲而不舍地运用在同一个问题上而不会厌倦的能力……你整天都在做事，不是吗？每个人都是。假如你早上 7 点起床，晚上 11 点睡觉，你做事就做了整整 16 小时。对大多数人而言，他们肯定是一直在做一些事，唯一的问题是，他们做很多很多事，而我只做一件。”

我们每个人的生命中都有很多亟待解决的事情，可静下心去想想看，真正亟待解决的事情或许并不多，能盯住一件事，坚持去做、集中全部精力去做，所能得到的自然会超出预想。

我们都知道订书钉这种办公用具，可有多少人可以从它身上“学”到做事之道？几百页纸张叠摞在一起，锋利无比的刀子都很难一次性切割，可细细的订书钉却能一下穿透，这是什么原因？

很简单，订书钉的力量更为集中，它的“目标”更加明确，故此做到了锋利的刀子都做不到的事情。

在我们周围，有很多看上去极为聪明之人，他们甚至可以“一心二用”或“一心多用”，同时去做几件事情，看似样样通，实则样样松，哪件事情都做不到出类拔萃、登峰造极的程度，仅仅是“半瓶咣当”罢了。

相反，那些表面上普通，没有特殊才能的人，也许就是因为这份平凡，才更能在确定的一件事上持续打井，直到甘甜的泉水涌出，他们也便成就了伟大的事业。这样的人，宛若订书钉一般，只有一个目的。

PART 6

克服障碍

在成长的路上不断自我精进

在做成任何一件事情之前，我们都会面对无数导致失败的障碍，或许是外因，或许是内因，又或者两者兼具。在这两方面中，内因的作用往往更大，它起着主导作用，决定了我们在面对外界障碍时所选择的态度。

过有自控力的生活

人生中的各种障碍和挫折，若是积极面对，勇于克服，收到的效果自然是正面的，反之，则是负面的。因此，懂得掌控自己的意志力，会让我们在已经选择的“重复之路”上的步伐更快。

上大学时，列宁有了吸烟的习惯。他的母亲作为医生的女儿，尤为清楚吸烟的害处，看着儿子吸烟成瘾，她很是头疼，反复劝说列宁戒烟，奈何效果不佳。每当母亲说起吸烟不利于健康时，列宁总会不以为意地对母亲说：“妈妈，我是健康的，吸这点烟不可能造成多大的危害。”

为了列宁的健康，母亲依旧想方设法地让他远离吸烟，照顾好自己的身体。

有一天，母亲将列宁叫到身旁，语重心长地对他说：“孩子，我们是靠你父亲的抚恤金过日子，抚恤金是不多的，每一样多余的花费都会直接影响到家庭生活。你吸烟虽然花费不多，但日长天久，也是一笔不少的开支，假如你不吸烟，那对家庭生活是有好处的。”

实际上，当时俄国的纸烟非常便宜，母亲之所以要这样对列宁说，无非是为了让他把烟戒掉。

听了母亲的话，列宁感到惭愧，他向母亲保证道：“您说的这些过去我没有考虑到，从今天开始，我不会再吸烟了。”说完，他将口袋里的烟都掏了出来，放在桌子上，决心再也不去抽烟。

果真，列宁说到做到，即便是再大的烟瘾，他也控制着自己的行为。

列宁的自控力，也是促成他站在权力之巅的重要因素之一。自控力越强的人，越有自律性，在锁定目标之后，便会一路向前，“控制”着自己的脚步。可遗憾的是，我们中间的大部分人都缺乏自控力，这也是导致更多人平凡无奇的根本原因之一——我们多会在充满诱惑的人生旅途中“跌倒”。

瓦特·米伽尔是美国斯坦福大学的心理学家，他做过一个“软糖实验”颇为有名。

“软糖实验”的对象是幼儿园的孩子们，实验将持续追踪他们直到中学毕业。实验者将一群4岁的孩子叫到一间屋子，随后发给每人一颗糖，并叮嘱大家：“我有事情要出去一会儿，你们可以马上吃掉糖，但如果谁能坚持到我回来的时候再吃，就能够得到两块糖。”

实验者走后，孩子们的表现不尽相同。有的孩子马上吃掉了糖块；有些孩子犹豫再三后，吃掉了手里的糖；还有一些孩子想尽方法让自己坚持下来，他们有的干脆闭上眼睛，有的自言自语或者玩弄手脚转移注意力，总之就是忍着不吃。20 分钟之后，实验者回到房间，如他承诺的那样，坚持到最后的孩子又得到了一块糖。

实验结束后，实验者对这群孩子进行了为期 14 年的跟踪调查。实验者发现，进入中学后，孩子们之间的表现存在明显的差异。那部分有自控力的孩子，适应社会的能力明显要强于其他孩子，他们面对挑战不会轻易退缩，有着极强的自信心，尤其是在追求目标的时候，可以压抑住贪玩的心，面对种种诱惑而不乱阵脚，对自己的身心有着很好的自控力。反观那些提前吃掉糖块的孩子，表现却不尽如人意，他们遇到困难后，容易显露出懦弱，遭受挫折便灰心丧气，很难再振作起来，而且如同小时候那样，禁不住诱惑，缺乏自我控制的能力。

自控力的缺失，就如没了绑紧弓的弦，会让一个人变得松垮，这也让走向成功的决定性因素之一的“重复”难以为继。

改变那些不良的习惯

性格决定命运，习惯也一样会决定命运。拥有良好的习惯，会让你在通往成功之路上走得越发顺畅，它会成为推动力，让你的重复更有效率，也更准确、正向。而不良习惯的存在，仍会推动“重复”的继续，可方向不对，你越努力，距离目标就越远。

本杰明·富兰克林是美国著名政治家、科学家，也是出版商、印刷商、记者、作家、慈善家。他是美国独立战争时重要的领导人之一，参与多项重要文件的草拟，并曾出任美国驻法国大使，成功取得法国支持美国独立。富兰克林曾经进行多项关于电的实验，并且提出了避雷针的设想。他还发明了双焦距眼镜，蛙鞋等。本杰明·富兰克林被选为英国皇家学会院士。他曾是美国首位邮政局长。

富兰克林青年时期，暗下决心，一定要改掉自己的坏习惯，养成好的习惯。于是，他为自己量身打造了改掉 13 个坏习惯的计划。

他深知自己有夸夸其谈的坏习惯，所以为了彻底改掉它，他要求自己保持沉默，务必遵循“于人于己有利之言才谈”的原则，避免说些没有营养的废话；为了保证有更多的时间用来读书学习，他列出一项

“程序”，标明起床、吃饭、阅读的时间，让生活的方方面面都井井有条，确保了有充足的时间去阅读；为了克服自己时常表现出来的骄傲情绪，他将“谦虚”列为计划中的一项。

每周，富兰克林都会对一项不良习惯进行矫正。每晚，他都会进行自我反省，认真反思当天的行为是否有不妥之处，计划是否有所成效，然后做好详细的记录，让自己努力的成果一目了然。有时，如果没能彻底改掉一项不良习惯，他就会继续进行矫正，直到达到自己理想的状态。

能够认识到自身的不良习惯，又能积极加以改正，这就是富兰克林，一位备受世界尊重的人。

良好的习惯保证了我们在社会关系中占据主导地位，也使得我们有更多的精力倾注于衷心的事情上，这种常被人忽视的提升重复效能的因素，往往决定了一个人在社会中及其人生中的高度。

改掉坏习惯，即是打破了习惯的“连贯性”，不让这种扰人心智的行为持续掌控自己的内心。习惯的养成，是连续性作用的结果，改掉坏习惯，等于破坏了这种连续性，那么养成好习惯，即是培养一种崭新的连续性，这也就可看成是“重复”的过程。

事实上，改掉坏习惯本身所要重复去做的过程，即是重复力量的隐性体现。更直白点说，改掉坏习惯及养成好习惯的过程，都需要重复的力量的参与，我们也能在这个过程中体会到这种强大的动能，它指导着我们达成既定目标。

不分心才能专注一个目标

当我们专注于一个目标时，越是聚焦，朝着目标持续奋斗，所收到的效果自然越好。而若总是分心，分散精力，也就无法把最强的能量集中于一点，何谈实现目标呢？

一如打井一样，选择一点，深挖细作，再厚的岩层也会被击穿，终而喜得汩汩井水；而若三心二意，无法专攻，收获的只能是一个个土坑，付出的却是更多的汗水、辛劳。可悲的是，这一切付出都将毫无意义。

常昊，1976 年 11 月 7 日出生于上海，是中国著名的围棋九段棋手。6 岁起，开始学习棋艺；8 岁顺利进入上海队，成为一名小棋手；10 岁，入选国家少年集训队，接受正规系统的训练。小小年纪，就已经斩获第一、三届全国棋童杯围棋赛冠军，第五届世界青少年围棋锦标赛冠军，更获得了第 12 届世界业余围棋锦标赛的冠军。

儿童的特点之一就是好动和顽皮，但是常昊却自小表现出极强的专注力。众所周知，围棋是一个喜静的项目，需要专心致志于其中，最忌讳三心二意，一旦分心，也就难以取得好成绩了。

有一天，俱乐部正在举行围棋比赛，在众多观众之中，有一个小小的身影格外引人关注。这个小家伙在棋盘旁不言不语，一站就是一上午，而且全神贯注于棋局，看得十分入迷。第二天，比赛开始后，小家伙又来了，同前一天一样，又是目不转睛地看了一上午。

他的专注力可以如此持久，实在让人佩服，这也正是一个优秀棋手该有的品质。巧合的是，小家伙的行为举止让教练看在了眼里，他将小家伙带进围棋队，开始学习下棋。这个小家伙，就是常昊。

常昊曾在被让4子的不利局面下挫败日本棋圣，着实风光。他之所以能取得如此优异的成绩，与他的专注力自然密不可分，专心于一件事，绝不分心，才缔造了他日后的辉煌。

能专注于一件事，不分心，因重复而来的力量将会更大。当然，我们任何人都无法做到真正的不分心，起码大部分人难以做到。而通过书籍等媒介看那些成功人士的经历后我们会发现，他们在这一点上的表现特别出色。他们的不分心，建立在对实现目标的强烈渴望上，加之在锁定了目标后，通过自控力聚焦更多的精力，把一切能量都施用在实现目标上，这种现实让他们的“不分心”看起来极为普通，似乎成了他们与生俱来的能力。

事实上，他们在把同一种心态，以及同种心态下指导的动作重复无数次时，专心致志也就成了他们的习惯，这样的常态让他们并不觉得“不分心”是很难做到的。相反，他们的一举一动都显得极为专注。

陈景润，当代著名数学家。

1953 年 9 月，分配到北京四中任教；1955 年 2 月，在当时厦门大学的校长王亚南先生的举荐下，回到母校厦门大学数学系担任助教；1957 年 10 月，在华罗庚教授的赏识下，被调到中国科学院数学研究所；1973 年发表了（1+2）的详细证明，被公认为是对“哥德巴赫猜想”研究的重大贡献；1981 年 3 月，当选为中国科学院学部委员（院士）。

陈景润为数学界做出的贡献有目共睹，他是受人敬仰的数学大家，而他之所以能成为数学界的顶尖人物，自然离不开他对数学的钻研精神，他全身心地投入其中，甚至到了忘乎天地的地步。

有一次，陈景润在路上走着，大脑依然在不停地思考数学问题。忽然，他不小心撞到了人，赶忙道歉，连说几声“对不起”，可抬头一看才知道，哪里有人呢，只是一棵大树而已，这让他自己都哭笑不得。”绕开大树后，他继续走路，也继续思考问题。如此情景，已经成了他的常态，也正是因为他在数学领域的专注，才让他的研究效率更高，取得的成就更大。

想要做成一件事，没有足够的专注力自然行不通，时刻分心，难以专注，岂能成事？

人各有志，未必人人都有悬壶济世之心，不过，即便是日常小事，若是缺了专注，以分心去支配行动，后果都是不堪设想的。而由分心带来的不利后果，相信我们每个人都领教过。此外，分心最大的弊端，即使得重复不复存在。

2010 年 1 月，有一条报道引起了世界的瞩目：有一只灯泡在加利福尼亚州的一个消防站度过了它的 109 岁生日。也就是说，有一只灯泡已经整整投入使用了 109 年，而且依旧在工作。

对这只神奇的灯泡，人们自然万分好奇，到底是谁创造出这么有耐力的灯泡呢？带着这个疑问，研究者开始查阅当时的相关资料，希望找到答案。最终，研究者了解到了事情当时的来龙去脉。

1901 年，电灯刚问世不久，美国电气公司举办了一场电灯实验竞赛，参与者众多，大发明家爱迪生也在其中。随着电压提高，参赛者带来的灯泡一个接一个地炸了，唯独有一只灯泡还完好无损，发出亮光。经过研究者考证，这只坚持到底的灯泡并非是大名鼎鼎的爱迪生研制的，而是出自默默无闻的发明家柴莱特之手。这只坚挺了 109 年的灯泡，也正是当时柴莱特的产品。

1901 年，电灯实验竞赛结束后，爱迪生十分欣赏柴莱特的能力，邀请他加入碱性电池的研究。令人意想不到的是，面对爱迪生的橄榄枝，柴莱特果断地拒绝了。当时，能与赫赫有名的爱迪生合作，这是多么荣耀的一件事，但柴莱特却没有丝毫兴趣，他指着在比赛中刚获得头奖的那只灯泡说：“我只适合研究它。”

的确，柴莱特穷尽一生，都致力于灯泡的研究，他将毕生的心血投入灯泡上。即便外界有着无数诱惑，他都没有动摇心中对灯泡研究的执着。他在日记中写道：“一生只亮一盏灯！”

柴莱特用一生的时间，只做了一件事，五光十色的事物没能让他分心，没能让他把注意力从灯泡上转移。这份坚定的专注度，让人们记住了他的名字，也才有了那只发亮百年的灯泡。

我们身边也一样充斥着各种各样的诱惑，能否坚守住初心，以一种坚定不移的精神一直走下去，这在某种程度上也决定了我们是否能实现应该被实现的人生价值。

坚持到底的决心

重复之路，也可以狭义地理解为成功之路。重复的力量并非那些成功者专有，任何一个普通人其实无时无刻不在体会着它的神奇之处：重复呼吸、重复走路、重复睡眠……

反过来说，若是我们能在“有意识坚持”的促进下步步为营，那么所能收获的成果有多大呢？

汤姆·霍普金斯被誉为当今世界排名第一的推销训练大师，在全球有超过500万人曾受训于他。他之所以能够吸引如此众多慕名而来的学生，在于他是全世界单年内销售最多房屋的地产业务员，他的业绩是平均每天售出一幢房子，是吉尼斯世界纪录保持者，至今无人打破。

在他进入推销界之前，处境十分落魄。随后，他参加了一个推销培训班，受益颇丰。在培训班，他掌握了推销的技巧，此后，他不断潜心学习，广泛涉猎，对心理学、公关学、市场学等理论加以钻研，并结合现代推销技巧，最终得以彻底改变了命运。

进入房地产界后，在短短3年之内，汤姆·霍普金斯便赚到了3000

多万美元，一时间声名鹊起，连可口可乐、迪士尼、宝洁这样的国际知名大公司都找他出谋划策。

汤姆·霍普金斯是名副其实的成功人士，而普通大众对成功有着同样的渴望，所以对他成功的秘诀尤为关注。当有人问他关于成功的秘诀时，他无一例外地回答道："每当我遇到挫折的时候，我只有一个信念，那就是马上行动，坚持到底。成功者绝不放弃，放弃者绝不会成功！"

他坦言："我要坚持到底，因为我不是为了失败才来到这个世界的，更不相信'命中注定失败'这种丧气话，什么路都可以选择，但就是不能选择'放弃'这条路。"在他心中，他是一头狮子，而非一头羔羊，他的人生信条中，没有"放弃""不可能""办不到""行不通""没希望"等词语。

推销的路上不可能是一帆风顺的，但是汤姆却始终怀揣着"只要我坚持到底，马上行动绝不放弃，我一定会成功"的决心。坚持到底，决不放弃，已经成为他的习惯和行为本能。

当汤姆成为千万富翁的时候，他才 27 岁，年纪轻轻却已经大有作为。基于自己成功的经验和教训，他创立了一家国际推销培训集团，每年都会出席全球 75 次研讨班，以此为平台，向那些渴望获得成功的人传授系统的销售知识，与他们分享自己的经验与教训，帮助他们找到通往成功的道路。

坚持到底，就是一种重复。可太多的半途而废充斥在我们的人生当中，也许只是小小的打击就让我们信心大失，继而没了继续奋斗的勇气和力量。很多时候，在我们觉得没有机会、应该放弃的时候，再坚持一下，就会得到意想不到的收获。此时重复的力量也会助我们向前，推动着我们摘得人生悬崖上最灿烂的那朵花。

克雷洛夫是俄罗斯著名的作家，他家喻户晓，著作颇丰。

有一天，他走在大街上，这时，一个农民走到他的面前，对他说："先生，请你买些苹果吧，但我要告诉你，这苹果有点酸，因为我是第一次学种果树。"克雷洛夫打量了一下这个陌生人，他看起来很年轻，说起话来有些腼腆。

对这个诚实的农民，克雷洛夫从心底不由产生一份欣赏。于是，他买下几个苹果，并且语重心长地对他说："小伙子，别灰心，只要努力坚持下去，以后种的果子就会慢慢地甜起来了，因为我种的第一个果子也是酸的。"

听了他的话，年轻的农民赶忙问他："你也种过果树吗?"

克雷洛夫哈哈大笑，赶忙解释道："我的第一个果子是我写的一个剧本，可是这个剧本直到现在也没有一个剧院愿意上演。"

克雷洛夫热爱写作，却迟迟等不到赏识他的人，但即便如此，他依然没有放弃自己的理想。

克雷洛夫并非特例，海明威在声名大噪之前，曾经寄出去几十个短篇，却都被退了回来，可他仍在坚持；莫泊桑同样是屡屡投稿，屡屡被退，直到三十岁才得以发表自己的作品。这些名人大家的故事无不传递出同一个信息——坚持就是胜利，想要成功，最忌讳的就是轻易放弃。

放弃，就意味着在通往成功的路上没了“重复”，也就没了奋进之心、勇闯之力，这还何谈成功呢？

在开罗博物馆，陈列着从图坦卡蒙法老王墓挖出来的宝藏，有金灿灿的黄金、珍贵的珠宝、饰品、大理石容器、战车、象牙与黄金棺木，每一件宝藏都精美绝伦，堪称独一无二的珍品。而这些巧夺天工的宝藏得以展示在世人面前，应归功于霍华德·卡特的坚持。

1922 年冬季，在对年轻法老坟墓漫长的搜寻之后，卡特与团队依旧一无所获，他的赞助者对此表示十分失望，即将停止赞助。

卡特在自传中描述了当时的低落：“这将是我们待在山谷中的最后一季，我们已经挖掘了整整六季了，春去秋来毫无所获。我们一鼓作气工作了好几个月却没有发现什么，只有挖掘者才能体会这种彻底的绝望。我们几乎已经认定自己被打败了，准备离开山谷到别的地方去碰碰运气。然而，要不是我们最后垂死的一锤努力，我们永远也不会发现这座超出我们想象的宝藏。”

正是那最后的一锤，敲出了绝世宝藏，让卡特及其团队的辛苦没有白费。这最后的努力，打开了通往成功的大门，若是卡特当时就此放弃，不仅先前的努力成了无用功，也让梦想的实现成为泡影。

萧伯纳曾说：“多走一步，就可以缩短一步接近成功的距离。胜利就在前方，你的任务就是坚持，就是再多走一步。”

坚持到底，是最朴实、最实用的成功秘诀。

从不会到会

简单的事情重复做100次，会出现什么样的结果？当然，也许你做了100次后也不见得收到多大成效，可把这“100次”再重复100次，一些不可预知的结果便会出现了，这自然是重复的力量。

事实上，当我们学着迈出第一个脚印，当我们自己拿着勺子吃饭，当我们自己接触那些新的技能时，这个“不会到会”的过程就已然经历了无数次的重复。

1934年隆冬季节，作为美国领袖的富兰克林·罗斯福，正在为美国陆军航空队飞行员频繁坠机身亡的问题头疼不已。在20天的时间内，竟然有9名飞行员不幸死于坠机，他们都是从美国空军部队中经过严格筛选出来的精英战士。况且，在没有战斗的情况下，他们只是在暴风雪的天气中充当邮政送信员的角色，为何接连坠机呢？

为了弄清楚事情的来龙去脉，罗斯福紧急召见空军总指挥本杰明·弗洛伊斯上将，当面质问他坠机事件何时才能结束。面对一脸严肃的罗斯福，弗洛伊斯上将说不出话来，因为他也不清楚问题出在哪里。

起初，飞行培训严格遵循“只有天生的优秀飞行员，没有后天培养的优秀飞行员”这样的理念，所谓的飞行培训其实很简单，一名指导员带着有些许潜力的学员直接上飞机，腾空而起后完成翻筋斗和横滚特技，一系列动作全部完成后，就到了检验学员素质的时候了。如果学员状态依然良好，没有出现任何不适，那么证明他的确有成为飞行员的资质，反之则没有。

为期几周的地面学习结束后，通过了空中测试的那部分学员，即可慢慢开始进入上机操控的阶段。纵观整个培训，毫不夸张地说，没有一点章法可言，既不讲究系统化，又不讲究专业化。正是如此随意的培训，直接导致陆军航空学院的死亡率节节攀升，一度高达 25%。这个惊人的数字引起了军方高层的注意，他们不得不开始思考空军培训学员的方式是否出了问题。

正当大家纷纷揣测缘由的时候，一个名为小埃德温・休克的人给出了答案。休克与空军学院没有半点关系，他不是飞行员，只是一个对飞行颇有兴趣的人。

16 岁时，休克花费了 50 美元的费用参加了一堂飞行课，此后，这段经历成为他挥之不去的记忆。他回忆当时的场景，说道：“那一个钟头里，比较好玩的是做了翻筋斗和自转这些特技动作，低空飞行时，我看到了地面上的所有东西。感谢上帝，我没有吐。但是一直到落地，我都没有碰到控制系统，一下都没有。我当时心想，这算哪门子教人飞行的方法。”

即便没能学到什么真正的本领，休克对飞行的热爱仍然有增无减。对休克的兴趣，他的父亲却持强烈的反对态度，一气之下，他将休克从风琴工厂赶了出来。面对家人的反对，休克却没有就此放弃飞行的梦想，他决定坚持下去。

此后，休克凭借努力终于有了一部分积蓄，他用这笔钱置办了一架四座的塞斯纳飞机。曾经的那堂飞行课给他留下了深刻的印象，他始终期待着能够对飞行员培训系统进行改良。1927 年，与那堂飞行课时隔 7 年之久，休克开始实践。

第一步，休克从风琴工厂借来风箱及鼓风机，目的是制造一个集合飞机重要操控按钮的装置，并命名为“休克飞行训练器”。飞行员可以自如操纵它来进行滚动、倾斜和侧滑的动作，而且操作过程中一旦出现失误，位于机头的一盏小灯就会自动亮起来作为提示。

休克对自己的发明非常满意，他表示，这个装置可以帮助飞行员进行普通飞行和仪表飞行两种模式，意思是当遭遇浓雾或暴风雪这样的天气时，飞行员可以依靠此装置根据仪表数据飞行。如此一来，大大缩减了飞行员接受培训的时间，而且省时省力还省钱。

即便休克满腔热血，却没能顺利赢得军事学校的青睐。因为休克不是专业人士，所以军事学校对他的发明创造置之不理，私人的飞行学校也不搭理他，更让他伤心的是，飞行杂技团都看不上他的装置。在他们看来，休克的发明只不过是玩具而已，实在难登大雅之堂。当时，美国专利局将休克的训练器定义为“新颖的、有商业价值的娱乐器材”，根本没拿它当回事。

最终，游乐场和投币游戏机场从休克那里购入 50 台训练器，此外，佛罗里达州彭萨科拉的海军飞机场购入一台作为训练器材，纽瓦克的新泽西国民警卫队向他租用一台。面对不利的状况，休克落寞地拖着一台训练器游走于乡村游乐场，将自己辛苦制造出来的训练器当作游乐设施，25 美分可以玩一次。

直到 1934 年冬，坠机事件的频发让政府高层颇为恼怒，航空队的高级官员对此也非常无奈。面对棘手的问题，作为一名经验丰富的老飞行员，凯西・琼斯迟迟找不到解决问题的办法。有一天，正为此事犯愁的时候，他忽然想到休克的训练器，赶忙联系航空队的军官们，建议他们亲自去检验一下训练器。

当时，航空队的军官们已然走投无路，只好去碰碰运气。3 月初，休克按照事先约好的时间前往纽瓦克，准备为飞行员们演示他的训练器。当天，天气条件尤为恶劣，在这种情况下，驾驶员都不愿意驾驶飞机上天，他们可不想用自己的生命做赌注。正当他们犹豫着打算走人的时候，却听见远处传来的轰鸣声，原来休克正驾驶着飞机朝他们的方向飞来，随后，稳稳降落。这让在场的军官们不由得惊呆了，他们不敢相信有人可以在如此不利的条件下还能如此轻松地驾驶飞机，更难以置信的是，这个人竟然靠的是仪表来操作飞机。

休克淡定自若地从飞机上走下来，开始认真细致地讲解自己的训练器。通过他的介绍，美国空军痛快地订购了一批训练器。此后，7 年时间过去了，第二次世界大战打响，美国对飞行员的需求量逐渐扩大，此情此景，只得在尽力保证安全的前提下，寄希望于飞行员们快速成才。如此，休克的训练器派上了大用场。

据数据统计，在二战期间，有50万左右的空军战士通过训练器训练，时长可达数百万小时，休克的训练器被他们称为“蓝盒子”。

1947年，在航空队独立成为美国空军后，休克再接再厉，不仅为喷气式飞机、轰炸机设计制造了模拟器，更是为阿波罗计划设计了登月舱模拟器。休克为航空事业做出的贡献是巨大的，他的训练器凭借实用等优势成为飞行员必不可少的训练器。接受训练的飞行员在训练器中练习几小时，就可以通过操作面板上的不同按钮练习起飞、降落十几次，还可以练习俯冲、失速等重要环节。在训练过程中，飞行员可以在驾驶座位上持续停留数小时，不断完善自己的技能，这是在飞机上难以实现的练习机会。

不论是休克，还是飞行员，他们都在不断挑战着自我的极限能力。在反反复复的琢磨和研究中，休克制造出效率极高的训练器，而飞行员也是通过一次又一次的训练，得以掌握扎实的飞行本领。

从不会到会，绝不是简单地掌握所谓的“要领”即能实现的，这个过程是近乎枯燥的重复的过程。飞行员需要一遍遍地练习，才能掌握最关键的要领。

调查研究显示，在体育和音乐的训练过程中，“分块”练习是非常重要的方式。当初学者开始学习时，他首先要做的是把整个动作做一遍，或者把整首曲子弹奏一遍，随后将整体动作分解开来，最后分块地进行学习和练习。有些经验丰富的音乐老师，不允许学生完整地弹奏一首曲子，而是先要求学生将整首曲子分解，这时如果其他人能听出他到底弹奏的是什么曲子，那才算是有所进步。

职业体育训练关注的是技术动作，以美式足球运动员为例，他 1% 的时间是在打队内的比赛，其余时间都用来进行各种各样的基础训练。由此可见，对于分解后的小动作不断重复训练，可以自然而然地帮助运动员掌握这项运动的精髓。

再比如，美国加州有一间专门治疗害羞的诊所，顾名思义，就是帮助人们对抗自己的害羞心理。就职于这家诊所的心理学家认为，心理暗示疗法并没有多大用处，他们崇尚练习的方式。在他们眼中，人们之所以会害羞，是因为对事物的观点有所偏差。对于害怕与女性聊天的患者，医生们会为他们设计各种场合，有的是在房间内与多人对话，有的是去大街上直接与陌生女性对话，患者治疗期间基本会与 130 个女人聊天。

人们普遍的心理是，如果可以一次完成的事情，就不需要再次尝试。实际上，在众多 MBA 的课程中，将难度较高的事件加以不断重复，是最为常见的方式方法。商学院的每个学生每周会至少接触到 20 个真实的商业案例，他们会先自己给出决策和方案，然后老师公布实际的解决方案，最后加以点评。想要在商业决策的课程中取得优良的成绩，靠的不是观察别人如何做决策，而是自己每周大量重复的模拟决策。

此外，不论是军事学院的模拟战，还是丘吉尔对着镜子反复练习演讲，都是展示重复力量的最佳案例。

认真地将简单的事情做好，摸索其中的原理，进行重复性的实践，一切“不会”即将消失不见。

做真正有价值的“训练”

真正有意义、有价值的重复，总会给我们带来意想不到的惊喜。遗憾的是，更多时候，我们所做的是没有价值的重复，难以在重复中得到更好的经验或娴熟的技巧。这样看来，我们必须在重复中找到有效门径，让所付出的辛劳更值得。

巴西被世人誉为“足球王国”，这个名号可谓名副其实。巴西曾5次在众多劲旅脚下夺得世界杯冠军。国际球星数不胜数，一代英豪“球王”贝利，战绩赫赫的“独狼”罗马里奥，举世无双的“外星人”罗纳尔多，还有罗比尼奥、罗纳尔迪尼奥等巨星，他们撑起了巴西“足球王国”的美名。

巴西足球的成功是有目共睹的，球迷对巴西的热情像火一样炙热。每一场比赛，巴西队的球员都能为球迷带来一场视觉盛宴，精准的传球，漂亮的连续过人，他们让观看比赛变成一种享受。

球场上，是球迷的欢呼声，电视机前也是如此。人们不由得惊讶于巴西队的球员是如何获得如此高超的球技的。当众人还没能搞清楚其中的秘诀时，巴西队已然培养出了一批又一批的顶尖球员。

其实，巴西队并非一开始就如此受到世人瞩目。早在20世纪四五十年代，巴西曾4次不敌“无冕之王”匈牙利，连续败下阵来。直到1958年，巴西队才迎来了足球史的转机，17岁的贝利是巴西队的核心主力，以他为中心，巴西队在瑞典世界杯上赢下一场又一场比赛，引起了球迷们的惊叹。

那么，从弱到强，巴西队是如何做到的呢？想要知道这个问题的答案，必须探寻一下巴西队的训练方法。

从20世纪50年代起，巴西队开始采用“室内五人制足球”训练法，正是得益于这套方法，巴西队员的控球能力在世界上才会出类拔萃。

有一种说法是“室内五人制足球”的发明者是一位乌拉圭教练，在阴雨天气下，球员会在室内足球场训练，而这个五人制足球正是基于场地的限制而制定出来的。在室内足球场，球员所用的球是足球大小的一半，个头不大，但重量却远超足球，而且没有任何弹性。场地大小同篮球场差不多大，地面不是绿草而是水泥或木地板，球员们分为两队，各自有五六人，比赛开始后，节奏明显慢于真正的足球比赛，注重的是训练快速传球，在传球的过程中考验球员的灵活性和精准性。

“室内五人制足球”问世不久，巴西队就引进了这套方法。1936年，巴西队为此制定了第一套规则，并且将这套方法充分利用了起来。随后，“室内五人制足球”成为其他球队竞相效仿的对象。这种训练方式为巴西队带来显著的成效，著有《足球：巴西人的生活方式》的作者亚历克斯·贝洛斯写道：“室内五人制足球被认为是‘巴西灵魂的孵化器’。”

不仅是在正规系统的训练中，在日常生活中，巴西少年们也把室内五人制足球当成娱乐项目，不论是在街道上，还是在足球学校，这成为一种常态。从 7 岁到 12 岁的少年球员，每周会有 3 天的时间专门花在室内五人制足球的训练上，如今成为顶级球星的巴西球员们，粗略一数的话，在这项训练上就大概花费了上千小时。

巴西队的成功，引起了科学家们对室内五人制足球的极大兴趣。经过细致的研究，圣保罗大学的足球教授艾米利奥·米兰达博士发现，一系列高级复杂的动作，诸如神龙摆尾、脚尖点球入网、世界波、头球过人等，都是来自室内五人制足球。仔细分析后不难发现，通过室内五人制足球训练的球员，比起采用其他方法训练的球员，在控球的次数上就明显要多。

此外，根据利物浦大学的研究显示，室内五人制足球可以让球员接触球的次数比其他方法多 6 倍。同时，因为采用的球比一般足球小且重，这就极大地训练了球员的控制能力，日积月累下，他们的控球能力也就更高了。

室内五人足球的训练中，最为关键的是传球，对准确性要求极高。传球时，球员要耳听六路、眼看八方，找到最合适的角度和空隙，然后一气呵成，完成与队友的配合。米兰达博士总结称，“练过室内五人制足球的球员不在乎对手逼得多近，狭窄的场地造就了快速的即时反应和高人一等的技巧，室内五人制足球是巴西即兴足球的实验室。”

实际上，室内五人制足球的原理与中国“熟能生巧”的道理是一样的。当在室内练习区，球员得以与球长期接触时，一些小毛病便可以及时改正，反复练习，反复犯错，反复改正，技术也就自然而然地会有所提升。比起在室外，室内的方式更能让球员认真钻研球技，训练球技，有了精准的技术，到了赛场上，也就自然会有好成绩。

当然，巴西队的成功不能全部归功于室内五人制足球，但是，这的确是非常重要的因素之一。而巴西队所展示出的超强球技，反过来也证明了室内五人制足球的魅力。

英国人塞门·克里夫德是一个铁杆球迷，他曾去巴西对室内五人制足球进行过考察。回国后，他毅然决然地辞去了工作，并在利兹创办了五人制足球国际联盟，全身心投入这项训练法的推广应用中。在自己闲置的房子里，他采用这项方法对初高中的孩子进行训练，并将其命名为巴西足球学校。为此，他还特意为室内五人制足球的动作制定了详细的训练方法，训练时，还会播放桑巴舞曲来带动孩子们的热情。

许多人对塞门·克里夫德所做的一切感到不屑，但这所学校却切切实实地办了起来。在克里夫德的带领下，几十个孩子接受训练，并从中收获乐趣。4 年后，见证奇迹的时刻到了，在 14 岁以下年龄组的比赛中，克里夫德的孩子们相继击败了苏格兰国家代表队、爱尔兰国家代表队。有一个叫米卡·理查兹的孩子，年仅 17 岁即作为英超曼城队的一员上场比赛，18 岁便成为英格兰国家队的一员。

有价值的训练，即是有价值的重复。或者说，一个看似简单且意义不大的行为，在计划性的重复之后，所能呈现出的结果是令人震惊的。

通过对花样滑冰运动员的训练进行考察，科学家们得出一个结论：在相同的练习时间内，技术一般的运动员习惯于练习已经熟练的动作，而技术高超的运动员则与之相反，他们更喜欢练习更高难度的动作。高尔夫运动也是如此，单纯喜爱高尔夫运动的人们，怎么舒服怎么打，而专业高尔夫运动员则需要不断挑战有难度的位置。重复性训练的目的并不在于简单的重复以满足一定的运动量，而是在连续的训练中提升自己的薄弱环节。

心理学家将人类的知识和技能分为三个圆形区域，这三个区域环环相套，最里面的一层被称为“舒适区”，代表着我们已经烂熟于心的技能；最外面一层被称为“恐慌区”，与舒适区相反，代表着我们还未能掌握的技能；中间一层被称为“学习区”，介于舒适区和恐慌区之间。这个分区表明，人们唯有在学习区中不断练习，才能让舒适区拥有更多技能。

日常的生活里，人类因为本身的惰性和环境的压力，很难做到控制自己去尝试那些难度较大的事情，更别说加以数次的实践了。但是，如果一直拘泥于已经明确的简单内容上，那么则是进行了没有价值的重复。看看我们的生活中，人类的科技发展之所以越来越便捷，是因为我们已经对那些操作复杂的机械产生了厌倦的情绪，当一些人工智能的产品更加简单上手利于操作的时候，当然会获得人们的青睐。

在我们学习工作的同时，要给自己设立一个符合自己条件的标准，如果简单的行为已经摸索清楚，那么不妨提高对自己的要求，在下一个难度水平上进行多次实践。长期的高标准和高要求，对于提高自己的能力大有裨益。

学会使用“心灵的力量”

当负面情绪出现之时，也就是我们原本的“重复之力”将要被打断的时刻，若重复无以为继，万事都没了成功的可能。而若我们掌握了克服这种负能量的方法，结果自然就大不一样了。

这种时候，我们应该学会使用“心灵的力量”。

何为心灵的力量？简单点说，即是我们的意志力、意念力、专注力，这是一种我们在内心勾勒图景的能力。更直白地形容，可以说成是“心想事成”。

当我们用尽全部心神去做一件事情时，是会调动一切力量来为结果的出现做准备的，这些力量，包括我们对于事件所达成的效果到底抱有多大的信心，外在环境是否足以令我们促成此事，以及突发事件的应对方法等。一旦我们把这些力量集合起来，聚焦于一点，那么最初所设定的目标，即会在这种种力量的共同作用下得以实现。

具体来说，我们可以从最简单的“自我安慰”开始。有研究表明，医生在给患病者开“安慰剂”，用以治疗某些并不严重的病症时，这些本无作用的药丸会产生比真实药物更强大的作用，究其原因，是患者本人相信了医生，更相信这种安慰剂会治疗自己的疾病。事实上，治疗者本是患者自己，绝非某种药丸。这更说明了心灵力量的强大。

由此，当我们打定主意去做某事时，也要让我们的“心灵”去相信我们决心要将此事完成，外在的一切困难都是为了磨砺心志，它们并不具备任何摧毁性的力量。能做到这一切的前提，自然也需要我们本身具有不凡的力量。

心理“预演”，其实是我们做事之前的心灵准备，具体到做某一事情时，需要的是我们依托于这种力量而产生的重复力，以及重复而得的专注力。我们必须打起精神，在设定的目标上一往无前，用这种力量去摆脱麻烦和苦恼，为目标的实现保驾护航。

更为关键的是，借由不间断的重复形成的专注，能够开启一扇成功之门。

国外有一位学者，从自己儿子的身上看到了专注所带来的巨大回馈。

这位学者的儿子名叫克里斯，他自 10 岁时就对电子游戏极为痴迷，当时他与很多同龄小伙伴一样，几乎每天都要花上几小时玩“神秘岛”和“最后一战”。没过多长时间，这个有志气的小家伙为自己设定了一个目标：他要成为游戏程序设计师。

定下这个目标后，克里斯一如既往地在游戏上下功夫。等他上了高中时，在程序设计上的水平已经超过了老师。

14 岁那年，克里斯开始研读量子物理学方面的书籍，当然，他的最爱仍然是互动游戏。不过，值得一提的是，他的物理学和数学知识的丰富性，反倒帮他在设计和改良电子游戏上有了更多新鲜的想法和尝试。

随着年龄的增长和知识的丰富，克里斯把大学选在了加州州立理工大学波莫纳分校。

刚上大一时，克里斯便开始读高年级的课程——这是他的指导教授的安排，或许这位教授早就获悉了他的“天赋异禀”。后来，他的课程表上已经没有可修的课程了，而他却还有两个学期才毕业。此时，克里斯做出了一个出人意料的决定：辍学。

从学校出来后，克里斯进入了一家小型电玩软件公司工作，借由这次机会，他有幸参与到《史瑞克》《使命召唤》等主力产品的设计中，有了最早的电玩设计经验。

克里斯24岁时，已经有了相当丰富的程序设计经验，远比同龄人“领先一步”，而自他10岁那年立志要成为游戏设计师起，他在设定的道路上已走过了14年。

2006年，属于克里斯独舞的时刻到来了，他成了射击游戏《决战时刻Ⅲ》制作小组里的核心人物，当时年纪轻轻的他是以动作视界公司资深设计师的身份加入的。

毋庸置疑，克里斯的成功是无限的付出所得，若只从他的年岁和获取的成就来看，可能很多人都只得把他的成功归结于“天赋”。当然，十来岁的孩子在某一方面表现出突出的才能，是可以被称作“天赋”的，然而“伤仲永”的故事却又让人明白，天赋也是会随着时间消失的，倘若没有后天的勤奋、努力，天赋也便荡然无存。

10岁的克里斯锁定目标后，持续努力，按部就班，从未有变更过，这份难得的专注，让他最终实现了理想。

生活中的我们，或许少有克里斯那份禀赋，毕竟大多数人难以在十来岁的年纪便为自己设定某种目标。不过，二十几岁的我们，甚至 30 岁、40 岁的我们，却再也不能因为没有“天赋”而为自己找失败的借口。

世间之事，并非获取名利才是成功，我们所设定的目标也许不够远大，却也是我们某一阶段的激情和心理动机促成的。当这时的我们打定了主意，需要的便是克里斯的那份专注力。

PART 7

善用重复力
把简单的事情做到极致

在现实生活中，简单地重复着固有流程，可最终呈现出的结局并不简单。这种看起来隐藏于平淡中的力量，并不需要刻意练习，也非难以掌握，唯独需要的是我们有一颗平稳的心，而后按部就班地循着设定好的路线徐徐向前，最后即会收获一个令自己都大吃一惊的奇迹。

重复往往会出奇迹

重复的力量是巨大的，每个或有意或无意凭靠这种力量走向成功的人，都成了这种力量最好的代言人。尤其是在大多数的成功者中，很多人并不是刻意去运用这种力量，可他们的所行所举，却是这种力量的完美展现。

英国雕刻家格雷厄姆·肖特制作的刀片，售价为 4.75 万英镑，折合人民币近 50 万元，是世界上昂贵的刀片之一，也是仅有的一枚。

到底什么样的刀片，价值如此不菲？格雷厄姆·肖特的刀片最为与众不同的地方，在于刀锋上刻着一行小字，有多小呢？想要看清楚，需要借助 400 倍显微镜才行，这行字是“一切皆有可能”。

就是这么一行简单的英文字母，肖特却不断重复了无数次，也失败了无数次。刀片的刀锋本身就又小又薄，而且特别脆，想要在上面刻字谈何容易。别说是由精钢制成的雕刻刀了，就算是一块小石子，也足以将刀锋磕出个口子。

那一行字格外小，这不仅大大增加了刻字的难度，要求刻字者必须高度集中注意力，而且还要避免因为自身呼吸过于急促而导致的不稳。不论是外界因素，还是自身因素，都有可能让雕刻难以继续。

可即便面对如此大的困难，肖特也没有放弃，相反，他始终坚持着这件事，将雕刻的工作不断重复。肖特往往会选择在静悄悄的深夜动刀，他会先安静地坐一个半小时，尽量调整自己的呼吸，让自己的精神状态达到平静，唯有真正安静下来，他才会开始工作。

功夫不负有心人，肖特终于成功了，而在这个过程中，他刻断了150个刀片，正是这150次的重复，才有了最后成功的一行字。他的雕刻技术自然是不可或缺的因素，但除了雕刻技术的精湛，还有他的坚持，这就是重复的力量。

香港钢琴演奏家黄爱恩，是钢琴家中最为与众不同的一位。她出生时，双手粘连在一起，严重变形。为了能过上正常人的生活，她不断进行复杂的割离手术，幸运的是，最终有了3根正常的手指。换作一般人，对于畸形的手，断然没有什么高期望，只要能正常生活就好。但黄爱恩却没有因为自己的残缺而放弃自己的爱好——弹钢琴。

黄爱恩喜欢钢琴，她不在意自己的不健全，全身心投入钢琴的练习中。

想要成为一名钢琴演奏师，坚持练习是必不可少的，粗略算下来，1万小时是最基本的。对于五根手指健全的人来说，尚且是个极大的挑战，更何况是黄爱恩呢？她必须用超出常人四五倍的练习时间来弥补手指的残缺。

由于仅有三根手指，想要流畅地弹奏钢琴是一件很费力的事情，为了解决这个问题，她只好左右手相互借用。对此，没有人能给她指导，全凭自己不断摸索，不断尝试，最终，她找到了最恰到好处的方式。

在不断重复的练习中，她逐渐收获了梦寐以求的技艺，不仅如愿成为钢琴演奏师，更获得了民族音乐学博士学位。

一小时，两小时……当我们在做一件事情时，短时间的重复似乎容易做到，可这个时间变作一天两天，一年两年，十年二十年呢？恐怕能坚持到底的人便是凤毛麟角了。

重复所缔造出的奇迹，究其根本并不复杂，甚至简单得令人不得不忽视它。神奇的重复的力量，蕴藏在我们每个人的体内，善于激发并运用这种力量，它即会为我们带来实惠，促使我们缔造出奇迹。

相传，炎帝有一个聪明伶俐又貌美如花的女儿，深得炎帝喜爱。有一天，女娃出村去找伙伴们玩耍，路上碰巧看到一个大孩子正欺负一个小孩子，大孩子骑在小孩子的身上，把他当成马。看着小孩子都已经累得趴在了地上，大孩子还依旧骑在他身上，女娃十分气愤，立即走过去，怒声地对大孩子说道："你这个人太坏了，欺负小孩子算什么本事，有力气，去打虎打熊，人们会说你是英雄。"

大孩子听了这番话后，仔细打量起眼前这个女娃来，单薄的小身板实在构不成威胁，便从小孩子身上跳下来，来到女娃身边，蛮横地说："我是海龙王的儿子，你是什么人？竟敢来管我！"

女娃不屑一顾地说："龙王的儿子有什么了不起，我还是神农的女儿呢，以后你少到陆地上撒野，小心我把你挂到树上晒干。”

龙王的儿子顿时火冒三丈，两个小家伙说着便动起手来：“我先让你知道知道我的厉害，往后少管小爷的闲事。”女娃不甘示弱，她自小跟随父亲上山打猎，身手灵活，而且力气并不小，眼见对方来势汹汹，女娃敏捷地躲开拳头后，一腿将他踹倒在地。龙王的儿子吃了亏，赶忙爬起身来接着又是一拳，女娃的拳头比他快，他一瞬间又倒下了。无奈之下，龙王的儿子只好灰头土脸地离开，回到了大海。

不久之后，女娃来到大海，畅快地游起泳来。正当她玩得不亦乐乎的时候，龙王的儿子发现了她，他游过来恶狠狠地说：“那天在陆地上让你捡了便宜，今天你跑到我家门前，赶快认个错，不然我兴风作浪淹死你。”

女娃大声说：“我没错，认什么错。”龙王的儿子没有得到满意的答复，立刻掀起狂风巨浪，女娃措手不及，挣扎几下后便葬身海底。

死后，她的灵魂化作一只名叫“精卫”的小鸟，她长着花脑袋、白色的嘴壳，还有红色的脚爪，以北方的发鸠山为家。她痛恨大海的无情，让她丧命于此，为了避免更多年轻的生命被大海夺去，她决定填海。

一天又一天，她从西山衔来小树枝和小石块，不断丢进东海，只为有一天能够将大海填平。

大海嘲笑道：“小鸟儿，算了吧，就算你干上百万年，也别想将我填平！”

精卫却坚决地说道：“就算干上一千万年、一万万年，干到世界末日，我也要将你填平！”

大海不解地问道：“你为什么恨我这样深呢？”

精卫答道：“因为你呀——夺去了我年轻的生命，将来还会有许多年轻无辜的生命要被你无情地夺去。”

大海听完后哈哈大笑起来，更加不屑地说：“傻鸟儿，那么你就干吧！”

精卫不再理会大海的嘲讽，她从西山飞来，再从东海回去，周而复始，无休无止。

我们早已对“精卫填海”的故事烂熟于心，精卫身上透着的那股坚韧不拔的力量让人肃然起敬。只是，我们是否意识到这是一种重复呢？故事没有统一的结局，也没有让人振奋的“海被填平”了的极具神话色彩的励志结局，可读了故事的人大多都愿意相信，终有一天，奇迹会出现，因为那份坚韧不拔的精神，是重复力的完美呈现。

重复的力量，并非如用力抬起一块石头那般立竿见影，这种力量的现实展示，需要时间的积累、岁月的积淀。很多时候，那些让我们惊叹的奇迹，就是在不经意间出现的。

有这样一个极为普通的美国老太太，她依靠着自己的坚持，在重复中创造了属于自己的奇迹。

一天，她在报纸上看到了一家园艺公司重金悬赏征集纯白金盏花的告示，她顿时来了兴致，立即行动起来。但是，她的满心期待却被家人泼了冷水，家人告诉她，对于纯白金盏花的尝试，众多园艺师、专家、园艺机构都以失败告终，何况她是一个没有经验的老太太。

虽然家人并不支持她，但她却一再坚持。第一年，她小心翼翼地种下一片金盏花，然后取颜色最淡的一棵，并留下它的种子。第二年，她将去年留下的种子埋进土里，细心培育，开花后，重复去年的做法，留下颜色最淡的花的种子……

斗转星移，一转眼 20 年过去了，老太太每年仍在不断地重复着，最终，她竟然真的培育出了纯白金盏花，包括家人在内的所有人都不得不张大了嘴巴。

善于使用重复的力量，就如想做成一件事情之前要极具信心、克服万难一样，它是一种完全可以自主掌控的力量。故事中的美国老太太能够培育出基本不可能出现的白色金盏花，凭靠的就是一种韧性，这韧性，也即是重复的力量。

要有再添一把柴的信念

在我们难以坚持下去的时候，只要“再添一把柴”，就能燃起熊熊的烈焰。也许在修炼心性挑战自我这条路上，我们会对重复产生厌恶的情绪，但一个在大众心理上可以接受的现实是：在这种时候我们再往前靠近一点，就可以轻易牵到成功的手。

1900 年，维金孔亚有一个 12 岁的孩子，他的想法与同龄伙伴迥然不同，他并不喜欢那些娱乐明星，反倒对著名的海军大将柏瑞有着疯狂般的崇拜。他曾用稚嫩的笔迹在日记上写道：“我决定要成为第一个飞抵北极的人。”

从写下这行字开始，他就为自己立下了这个宏伟的心愿。他心里很清楚，如果要实现这个梦想，首先要做好充分的准备，未来的日子里剩下的唯有磨砺自己。

在外人看来，这个孩子的做法似乎有些幼稚，可他却不以为意，开始试着像斯巴达人一样训练自己，即使在严寒的冬天，也只穿一件单薄的衬衣。每逢有人问起，他便说自己需要磨炼在寒带生活的毅力，需要与风雪竞争。

这个坚毅果敢的男孩子果然没有做白日梦，在经过多年的准备和奋斗之后，终于完成了当年日记上所写的那个目标，成为第一个飞抵北极的人。他做到了，在完成自己这个梦想之后，他又成为第一个飞抵南极的人！他的名字也因此传遍了全球——他就是海军上将李却埃林·拜德。

拜德将军说："南极地带的巨大冰块已在逐渐缩小，我相信有一天事实会被证明，这数百万亩被藏在冰块底下的土地是极其宝贵的。"多年后，如拜德将军所说，人们在北极圈内发现了大量煤矿。根据地质学家的研究，南极附近同样会有数量惊人的煤矿，也许还会有广阔的油田。

拜德将军的一生充满坎坷艰辛，但幸运的是，他有着坚强不屈的品格，曲折的命运没能将他打倒，排除万难后，他收获了不一样的人生。

14 岁前，拜德已经怀揣着不灭的梦想用脚步丈量了世界的尺寸，几乎在世界各地留下了他的身影。每一次旅行都让他受益颇丰，旅行结束后，他会照常返回学校继续学业。除了对旅行情有独钟外，他还热爱拳击、角力、足球等运动。

人生有时候就像一出戏剧，千变万化。28 岁时，拜德在一次运动中摔伤了脚踝，非常严重，甚至无法彻底康复。一天之内，能蹦能跳的拜德变成了残疾人，无奈只好离开海军。这件事让他感到异常失落，然而他始终对生活怀有希望和热情，他暗自宽慰道："的确，所有的飞行员都是坐在驾驶座上的，跛腿不会影响驾驶飞机。”

为了实现自己的梦想，他开始着手准备。一切就绪后，拜德决定飞向北极。这次远行，主要目的就是检验一下自己空中冒险的本领。然而，这次旅行同他的命运一般坎坷，他在驾驶一架大型飞机进行试验的时候发生坠机，差点机毁人亡。即便如此，拜德没有就此中断自己的计划，他又开始申请其他飞机打算横渡大西洋，不过政府因为他有腿伤而拒绝了他。

没能如愿的拜德，面对接二连三的失败，却坚信自己最终会成功。后来，拜德再次申请飞机飞行，不过这次却碍于自己的婚事而搁置了计划。为了实现梦想，拜德再接再厉，继续申请，可却接到当局命令他从海军退休的决定。

一而再、再而三的打击，并未让拜德的意志就此消沉下去，他鼓舞自己："一个有勇有谋的人，即使是个跛子，也比一个头脑简单四肢发达的人强得多。”故此，即便官方申请都被驳回了，这也并不能证明是他差劲。在自我激励下，他决定自筹资金，开始真正属于自己的冒险。

经过一番精心的筹划，拜德最终实现了自己的梦想，他成功凭借自己的力量横渡大西洋，并在驶过北极上空时投出了一面美国国旗。随后，飞至南极上空时，再次投下一面美国国旗，彻底完成了自己的空中冒险计划。

顺利完成冒险计划的拜德返回美国时，有上万人等待着迎接他。人们在机场等候他的归来，在他们心中，拜德不是腿脚不便的残疾人，而是伟大的织梦者。他的事迹也感动了美国政府，并由此被授予“上将”军衔。

再添一把柴，即是让重复不间断。拜德未曾在追梦的路上踟蹰不前，每一次的梦想搁浅，都让他内心生出再接再厉的力量。这种力量，即是重复带来的力量。

当我们在生命的长河中小心翼翼地前行时，必然会历经四季，这四季带来的酸甜苦辣构成了十方世界。挫折与苦恼都是暂时的，即使黑暗短暂地降临，也终将有一盏灯可以点亮这黎明前的黑暗。在我们的初心面前，安稳地借用重复之力，一切都将大变模样。

从前，有两座分别名为太行、王屋的山，方圆七百里，高八千丈，原本坐落在冀州南部、黄河北岸。

北山有一位名叫愚公的老人，年近九旬，住在山的对面。大山严重阻塞了交通，让百姓的出行十分不便，多走了很多冤枉路。为了解决这个问题，愚公召集全家商讨办法，他说：“我和你们尽全力铲除险峻的大山，使道路一直通向豫州的南部，到达汉水南岸，可以吗?”

在他的号召下，大家纷纷表示赞同。不过，他的妻子小心翼翼地问道：“凭借您的力气，连魁父这座小山都不能削损，能把太行、王屋这两座山怎么样呢? 况且把土石放到哪里去呢?”有人答道：“我们可以把它扔到渤海的边上去，隐土的北面。”

于是，愚公带领子孙中挑担比较厉害的人，开始开凿石头，挖掘泥土，然后用簸箕运到渤海边上。

邻居京城氏有一对孤儿寡母，女人早早没了丈夫，儿子早早没了父亲，孩子刚换牙不久，也跟随愚公移山，每年冬夏交替的时候，才回家一次。

在河湾上，住着一个智慧超群的老头，他劝愚公说道：“你太不聪明了！就凭你衰残的年龄和剩下的力量，连山上的一棵草都不能损坏，又能把这两座大山上的土石怎么样呢？”

愚公听了他的话，坚定地说：“你思想顽固，顽固到了不可改变的地步，连孤儿寡妇都比不上。即使我死了，我还有儿子在；儿子又生孙子，孙子又生儿子；儿子又有儿子，儿子又有孙子；子子孙孙没有穷尽，然而山却不会加大增高，愁什么山挖不平？”他的答复让聪明的老头无言以对。

山神听说了愚公的事，担心愚公真的世世代代挖下去，便上报了天帝。天帝听后，感动于愚公的诚心，便命令大力神夸娥氏的两个儿子去把山移开，一座放在朔东，一座放在雍南。此后，冀州的南部与汉水南岸之间，没有高山阻隔了。

愚公的精神，是执着于一个目标，勇往直前的精神，而支配他这种精神长久存在的，则是其在过程中的无限重复。“子子孙孙，无穷匮也”，即是无限重复，愚公用这种重复之力“打动”了天神，最终也实现了目的。

每一个故事都凝聚着人类闪光的智慧，其中所透出的道理经久不衰。在奔向成功的道路上，我们或许都渴望是智者，可却别忘了，真正

“移走”大山的是愚公，是愚公的“重复力”。

据传，陆宗达曾到国学大师黄侃门下学习。师生见面后，黄侃没有向他传授任何知识，只拿出了一本《说文解字》给他，嘱咐道：“点上标点，点完见我。”随后，陆宗达按照老师的要求认真执行，完成后，再次拜见老师。黄侃翻看了一下陆宗达点上了标点的书，说道：“再买一本，重新点上。”一来二去，陆宗达每天的工作就是为《说文解字》点标点。

第三次，陆宗达将自己点好标点的《说文解字》交给老师后，黄侃点了点头，却还是说了一句：“再去买一本点上。”

转眼间，3个月过去了，陆宗达又交给老师一本《说文解字》，随后他忍不住问老师：“老师，是不是还要再点一本？我已经准备好了。”

黄侃微笑道：“自己亲手标点三次，这本《说文解字》你已经烂熟于心，如此一来这文字之学，你已得大半，不用再点了。以后，你做学问也用不着再翻这书了。”

自此，黄侃开始向陆宗达传授学问。陆宗达也果然不负所望，成为我国现代训诂学界的一代大家。他说：“当年翻烂了三本《说文解字》，从此做起学问来，轻松得如庖丁解牛。”

我们都深知，自己脚下这条必须走完的路是一个慢慢学习的过程。在这个过程里，除了需要持之以恒的毅力，更重要的是踏踏实实地走完每一步。无论什么事情，只要你能坚持着做到底，就一定可以给自己带来收获，而我们脚下的路也一定会功到自然成。这是重复之后的必然结果。

不断思考，重复思考

前行之路，自然崎岖不平，每个人都有感到疲惫之时，累了，不妨停下来看看，有时在这停顿之中，我们便会有新的收获。

生活恰恰如此，需要我们偶尔停下来思考，思考自己的停滞不前，思考自己接下来的道路，反复思考的过程，也是重新定位自我的过程。这个过程，可以让我们更有勇气客观地面对一切苦难，即便这过程透出的是无尽的辛酸。

周星驰是中国名副其实的“喜剧之王”，爱他的人喜欢称他“星爷”。他的奋斗史尤为励志，是从无名小卒到声名大噪的历程。如今，星爷已经不再仅仅是喜剧电影领域的一线男星，更是创作型的人才、导演，顺理成章地成为了喜剧界的大师。

星爷的成功，是他一步步走出来的，足够鼓舞人心。他的成长之路布满荆棘，然而他始终坚持不懈地努力着。同时，不断思考、重复思考，大到自己的人生，小到自己的作品或演技，他都不停地细细琢磨。一路走来，尝尽了人生五味，他对生活的感悟体现在作品的方方面面，这也就是他的作品让人笑中带泪的原因。

在喜剧作品中，他时常扮演卑微的小人物，在现实生活中，他也曾是不被人知晓的小人物。他生于 1962 年 6 月 22 日，父母都是香港普通的小市民，家庭条件一般。他的名字大有讲究，是母亲所取，出自《滕王阁序》中“雄州雾列，俊采星驰，台隍枕夷夏之交，宾主尽东南之美”，寄托着母亲对他的期望。而平日里，大家更多地叫他“星仔”。

7 岁时，周星驰的父母离异，母亲独立抚养三个孩子。童年时期的周星驰沉默寡言，唯一能引起他兴趣的便是电影。他不喜欢读书，却由衷地热爱电影，并将功夫巨星李小龙看作自己的偶像。他时常自己琢磨咏春、太极等拳法，自娱自乐，丰富着自己的生活。

中学毕业后，周星驰一心想要成为一名演员。不过，母亲和姐姐却坚决反对，他们认为星仔平常不善言语，实在难以成为一名演员。但是，周星驰却始终坚持。他去参加无线电视艺员的训练班，却在第一次选拔的时候就被刷了下来，幸运的是，在邻居戚美珍的帮助下，他如愿进入培训班学习。

在培训班，周星驰的演艺生涯得以起航。最初，他只能接一些跑龙套的角色，而且是那种最不起眼的龙套演员，比如侍卫、平民、仆人等，共同的特点就是没有台词。

那一时段，不断重复着没有前途的工作的周星驰，开始思考自己的出路。不久，属于他的机会来了，他被调到 TVB 的一档儿童节目担任主持人，“台词”的确多了不少。

在这档儿童节目中，周星驰常常要扮演“反面教材”，来教育小朋友。而原本平淡无奇的节目，他却时常能在不经意间加入一些颇为出彩的细节，这受到了观众的欢迎。当然，演员才是周星驰的梦想，他从未忘记。

他知道，演员最重要的就是演技，所以他开始在这方面投入更多的精力。通过自学和模仿，他不断提高着自己的表演技能，此外也不忘寻求出镜的机会。

1987 年，他终于等到了一个千载难逢的机会，在名为《生命之旅》的电视剧拍摄期间，周星驰与万梓良一见如故，并成为一生的挚友。在这部电视剧中，周星驰凭借出众的表演，赢得了导演李修贤的青睐，至此，星仔的演员梦开始慢慢实现。

1988 年，机会再次降临到周星驰头上。在 TVB 时装剧《大都会》中，他出演一个十恶不赦的小人，凭借精湛到位的演技，让众多星探和制作人刮目相看，并纷纷开始注意他。也是这一年，他有幸接拍由黄柏文导演的电影《霹雳先锋》，这是他人生中的第一部电影，意义重大。

电影一经推出，周星驰便成为竞相追捧的对象，获得了极高的知名度，同时，他更是凭借在电影中的表演赢得了香港金像奖最佳男配角的桂冠，由此开始正式进入人们的视野。

此时的成功并没有让周星驰忘乎所以，他清醒地意识到，如果想要获得真正的成功，首先要对自己有精准的定位。随后，在 TVB 年度大剧《盖世豪侠》中，他开始加入自己的戏剧功底，并最终以夸张的表演方式获得了更多人的热捧。

当时，喜剧片在香港电影界的占比不大，正是周星驰的出现，让人们逐渐开始关注喜剧片。由此开始，周星驰在喜剧上的独特表演让一批又一批的观众喜欢上了他。这时，《赌圣》剧组找到周星驰，邀请他加盟。这部搞笑电影的上映，奠定了周星驰喜剧演员的地位。

此后，周星驰慢慢摸索着自己的表演套路，也开始向搭档吴孟达的路线靠拢。继而在他的打磨下，逐渐形成了后期别具一格的独特语言风格。

1991 年，在香港十大最卖座的电影中，周星驰一人就占了三部，一时间风光无限，达到了事业的巅峰时刻。

巅峰，也意味着下坡路。自从 1992 年起，周星驰的作品开始难以让观众满意，也许是观众对他抱有太高的期待，所以他的压力也很大。这时，他又陷入了思考，他不甘心做一颗即将坠落的明星。此后，他开始摸索更为复杂的表演，进军编剧和导演的领域。

1995 年，周星驰参与制作的《大话西游》系列与观众见面，电影上映后，并未马上得到观众的好评，直到 1997 年后，内地高校和网络成了它如日中天的土壤，并随之产生了广泛的影响。由此，掀起了“大话西游”的狂潮。

随后，周星驰推出《食神》，这是由他导演兼主演的一部电影，他为电影各方面劳心劳力。1999 年，《喜剧之王》上映，获得了一片掌声与欢呼声。至此，他的演员梦实现了，创作梦也实现了。

这时，周星驰又有了新的思考：观众的要求不是一成不变的，如何不断满足观众的需求，如何创作出更经典的作品？经过一番琢磨，《少林足球》出现在荧幕上。这部电影成为第 21 届香港电影金像奖的大赢家，包揽了最佳电影、最佳导演、最佳男主角在内的多项大奖，周星驰成为喜剧界的无冕之王。

此后，他特意向偶像李小龙致敬的《功夫》再次掀起了喜剧的高潮，一举打破《少林足球》的票房。《功夫》的成功，使得周星驰在《时代》杂志举办的“时代亚洲英雄 2003”选举中成为“亚洲英雄”。《时代》杂志给予了他高度评价：“他由什么都没有开始，努力发奋，用智慧、决心及坚持自己对无厘头电影的期望，成为一位喜剧明星。”

能够真正认识自己所处环境，并做出利于自己发展的决断的思考的人并不多。纵然这个世界有着千千万万个“触手可及”的机会，我们要学会的还是独立的深度思考。也许，我们对于问题的设想有 999 种都没能成功，但没人可以保证第 1000 种假设还是失败。即便是在头脑中的简单思考，对我们而言也是不可省略的一项重要工作。

重复力，不仅表现在一个人的行动能力上，更能体现在一个人的思考能力上。只有不断地思考，才有更大的提升空间，也只有不断地思考，才不会停滞不前。

把你的耐心最大化

耐心，不是一次的坚持，而是千百次乃至无数次的恒久不变。古往今来，但凡功成名就者，无一不是极具耐心之人。耐心，也即耐性，可理解成一种心性的强大。极具耐心者，便会在无意识状态下无限重复，耐心最大化，即会发挥它真正的效能，抚慰我们的不安和焦躁，为行动带来更直观的结果。

20 世纪 80 年代，世界排名第一的推销大师汤姆·霍普金斯要退休了，就像武林盟主金盆洗手一样。在退休前，这个销售大师准备给人们做一次职业生涯上的告别讲话。讲话的会场，被定在了一个大型的体育场馆内。在讲话前，这位销售大师提出了一个条件——所有前来听取讲话的人必须每人付出 3000 美元作为酬金，并且这一次的演讲，不管场馆多大也只能接受 3000 人参加，他自己将会进行 1 小时的演讲。

不出意外，很多想要听取销售大师成功秘诀的人慕名前来。到了演说开始前的 10 分钟，全场已是座无虚席，每个人都激动地等待着这位销售大师的出现，他们觉得见到他就相当于走上了通往成功的捷径。

幕布拉开，演讲开始，人们惊讶地发现，舞台中央竟然吊着一个巨型铁球。舞台上，还有高大的铁架，以此托举着铁球。

正当人们开始议论纷纷的时候，一个老人在幕布之后慢慢地走了出来，他穿着红色运动服、白色胶鞋，走到铁架旁边，台下的观众注视着他的一举一动。随后，两名工作人员抬着一个大铁锤出现了，伴随着主持人的询问，两名年轻人已经飞快地冲到了台上——主持人邀请两个身强力壮的年轻人上台参与互动。

上了台的年轻人站在老人旁边，听他讲述了互动的规则：台上的人需要用大铁锤去敲打铁球，直到铁球荡起来为止。

第一个年轻人做好了准备，率先拿起铁锤，使出全身力气朝铁球砸去，然而一声巨响过后，铁球却纹丝未动。随后，他又一次次地朝铁球砸过去，尽管他累得气喘吁吁，结果却没有任何改变。

很快，第二个人开始动手，他绝不比第一个人力气小，但是铁球却依然“不给面子”。

此时，原本雷鸣般的掌声慢慢消失了，这个铁球简直像是被固定住了一样，不论两个年轻人怎么用力，它都稳如泰山一般。最终，两个年轻人放弃了。

当会场安静下来后，老人从口袋中掏出一个锤子，个头非常小，重量甚至不到 50 克，在观众的注目下，他开始一下又一下地敲打铁球。伴随着“咚咚咚”的响声，老人以每 4 秒敲击一下的频率，不停地敲着。

时间一点点流逝，台下的观众们开始不耐烦起来。几十分钟过去了，老人还在敲着铁球，台下观众都搞不懂他是什么意思。到最后，甚至有人质疑这场演讲，观众开始躁动起来，大声表达着他们不满的情绪。

面对观众的喧哗，主持人示意大家保持安静，并表示如果不愿继续听演讲，可以马上退场，3000 美元的票钱全部退还。主持人说完，有 1/3 的观众选择退场。此情此景下，老人却不为所动，依旧敲打着铁球。

又过去 20 分钟，台下又开始闹腾起来，观众们甚至开始往舞台上扔垃圾，喝倒彩，以此表达强烈的不满情绪。这时，主持人又出现了，还是那套话，之后又有 1/3 的观众离开了会场。原本座无虚席的会场上，此刻只剩下一小部分人。慢慢地，会场又恢复了平静，老人还如起初一样，认真地敲打着铁球，没有丝毫松懈。

又过去了 17 分钟，观众们的忍耐限度已经达到极限，他们再也等不下去了。主持人又出现了，一样的说辞，于是又有 700 余人离场，最终仅剩下 300 人。即便如此，老人始终专心于手中的事，他的动作依旧坚定沉稳，没有受到外界的任何影响。

在接近 1 小时的节点时，在前排传来一位妇女的尖叫声："球动了！"一时间，会场安静了下来，观众们的注意力都集中在了铁球上。众人发现，巨大的铁球正在以微小的幅度摆动着，老人仍继续敲着铁球。这时，铁球在老人的敲打下，摆动的幅度越来越大，与铁架子一碰撞，发出了“哐、哐”的响声，仿佛一股力量震撼着每一位观众。

刹那间，掌声雷动。老人停了下来，将小锤子重新放回口袋里，随后郑重其事地深鞠一躬，然后开始了本场演讲的唯一一次发言：“在成功的道路上，如果你没有耐心去等待成功的到来，那么，你只好用一生的耐心去面对失败。”

毋庸置疑，汤姆·霍普金斯的耐心，即是重复力量的另一种外在表现。往往，我们无法切实地看到重复到底有多大力量，因为这是个循环往复的过程，甚至更多时候需要用一生去体会。今天的我们是足够幸运的，毕竟早已有太多因重复而出现的成功，或者毫不夸张地说，每一种成功，都是某种重复的结果。

很多时候，我们对待不同的事情、不同的人都会产生不同的情绪，但是无论哪种情况，接触得久了不免都会心生厌烦，慢慢地就会磨掉自己的耐性，最后任由自己一开始的信心满满在爆发中彻底消亡。其实，如果可以多一点耐心，也许我们会发现自己最初的选择并没有错。

又或者说，每个人的选择都并不能用单纯的“对与错”来界定，在不同的环境和条件下，对的可能变成错的，错的也可能变成对的。我们的注意力，不应该放在对与错上，而应放在对自己的选择的持续坚持上。这份坚持，即是耐心，即是重复。

这里的“对与错”更不能用世俗的标准恒定，更直白地说，“对”，是他人对你某种涉及人生及事业选择的肯定，“错”可以理解成不支持。现在来看，我们是否曾有过太多次过于“尊重”他人的看法而失去了真正的机会？

我们中间的大部分人，往往不清楚自己的志趣和事业在哪里，但要清楚，这是一个逐渐清晰起来的过程。这个过程，需要我们抱着足够的耐性和勇气用心去感受。

让耐心最大化，这是我们做一切事情之前就要知道的游戏规则。足够的耐心，给人以前进的勇气，这也是重复力的又一次完美体现。

重复，就在那些细节之间

重复力，体现在生活中的方方面面，也并非只有成功者才拥有这种“神奇的力量”，只是他们更善于运用这种力量而已。

重复的力量到底有多大，其实难以估量，唯一能断定的是，在积极正向的事情上重复，即会得到强大的“正能量”，反之，得到的只能是“负能量”。

有一种科学定律在世界上一直被广泛认可，即二八定律，说的是在任何一组东西中，最重要的只占其中一小部分，约为 20%，其余 80%尽管是多数，却是次要的。换句话说，如果我们能探寻出自己所做事情中哪部分是那 20%，而后在其上施以“重复之力”，那么所能收到的成效到底会是多大呢？相信人尽皆知。不过，若有人用错了这份“重复力”，抑或是没有把握住那 20%的细节，结果又会如何？

科技改变生活，几十年前的人们也许并未想过，在今天可以拿着一部小小的手机和身处大洋彼岸的亲人视频通话，并且这部手机又轻又薄还没有长长的电话线。曾经的诺基亚、摩托罗拉和爱立信都是世界移动通信行业的佼佼者。

自1998年起，通信行业业务在全球范围内获得迅猛增长。然而，一切并没有按照这个节奏发展下去，此后的3年中，原本遥遥领先的爱立信公司的蜂窝电话业务却遭到锐减，从18%直降到5%，哪怕是在市场前景广阔的中国，也没能摆脱市场份额急剧下降的遭遇。如此一来，长期居于行业龙头位置的企业，不可思议地落寞了下去。美国的质量管理专家菲利普·克劳斯比曾预言："一个由数以百万计的个人行动所构成的公司经不起其中1%或2%的行动偏离正轨所造成的结果。"不幸的是，爱立信便"践行"了这句话。

人们不禁好奇，行业大佬爱立信为何突然沦落到如此惨境？总结起来，最为突出的一点便是丧失了消费者的信赖。2001年，在中国市场上，爱立信陷入质量的信任危机，名为"T28"的一款机型有严重的质量问题。

有消费者说："我的爱立信手机的送话器坏了，送到爱立信的维修部门，很长时间都没有解决问题；最后，他们告诉我是主板坏了，要花700元钱换主板。而我在个体维修部那里，只花25元就解决了问题。"

一时间，各大媒体都将目光锁定在了"T28"身上，而当爱立信反应过来是自己的失误时，一切为时已晚。消费者没有耐心去探听真相，市场也没给爱立信任何从头再来的机会，将它拒之于中国市场的大门外。

随后，《广州青年报》率先将爱立信手机存在的质量和服务问题公诸于众，很快，引发了广大消费者的强烈反响。此外，爱立信大打广告吹嘘的768、788C以及SH888机型，居然没有取得入网证就开始在中国市场上销售。同时，作为行业巨头的爱立信显得很不大度，官方表示自己没有任何问题，拒不认错。就这样，质量和服务中的细节缺陷，使爱立信输掉了中国市场这块巨大的蛋糕。

显然，爱立信忽视了细节，那么它在其他部分的无限重复，只能让细节缺失暴露得更为明显，其与真正的成功之路，亦会拉开更大的距离。归根到底，一句话，其“重复力”用错了地方。

当我们生活的世界已经有了更为先进的文明，人类的社会分工也变得更加精细起来。当人们所具备的专业技能有着更高层次的提升，社会劳动对人们工作时的态度也给予了更高的标准。

所谓“天下难事，必作于易；天下大事，必作于细。”真正的成功往往离不开对于行为标准的严格遵守、执行。众所周知，随着科技的发展，世界各国已经相互密切联系组成了一个地球村，一架飞机的生产，也许需要十几个国家的共同协作才能顺利完成。

曾经登月的美国“阿波罗号”飞船，就需要两万多个部门的通力合作。在这个成百上千，乃至上万、数百万的零部件所组成的登月飞船上，每一个部件容不得哪怕是1%的差错。一旦某个细节出现了纰漏，那么所引发的问题将是致命的。

有一句俗语说，“魔鬼存在于细节中。”忽视细节，会导致满盘皆输。一个重要的决策，若是在细节上犯了错，后果是不敢设想的。日本有一个极为成功的例子，由于考虑到上海内环的高架桥禁止 1 吨以上小货车通过，日本紧锣密鼓打造了 0.9 吨的小货车，一经推出便获得了上海市场的青睐。这种对细节的把握和重视，是值得学习的。

曾经有一次，中国从日本进口缝衣针的时候，拿到这批产品的中国消费者惊讶地发现，我们平日常用的针是圆孔，而日本的针是长条孔，这是为照顾老人们眼花而设计的。值得一提的是，对于细节的注重，极可能是很多人对生产过程进行了反复思考之后的结果。

把重视细节当成一种习惯，始终如一、坚持到底，最终事情的走向必定与预期相差无几，甚至会超出预期。这即是重复力的神奇之处，它能使得看似无关紧要的东西转变为最重要的东西，也能让那些不起眼的细节成为决定一件事成败的关键。

重复，完全不必急于求成

重复的过程从内心世界的层面来看，似乎伴随着“痛苦”，这痛苦中包括了等待、恐惧、急躁、孤独等，然而，正是这个让人想要逃避的过程，才会给人以磨砺，让人逐渐成长、强大。

有时，我们恰恰是在这个过程中逐渐收获属于自己的成果的。因而，在重复的过程里，不必急于求成，待时间验证后，一切所想、欲求自然显现。

在中国，有这样一个人，用他自己的力量给数以万计的生命带来了更为丰富的粮食来源，他就是世界上第一个成功利用了水稻杂交优势的伟大科学家袁隆平。

袁隆平，1930 年生于北京，父亲祖籍江西省德安县，求学于东南大学中文系，对知识有着发自肺腑的尊重和向往。母亲出身于家境优渥的家庭，同样受过高等教育。对于袁隆平来说，在这样的家庭中长大，自然是从小就受到科学知识的熏染，这使得他养成了独立思考的好习惯。后随着父亲工作的调动，袁隆平先后在很多地方念过书，这样大跨度的南北居住给袁隆平带来了不一样的人生体验。

1953 年，袁隆平顺利毕业，成为中华人民共和国成立初期的第一代大学生。随后，就被分配在安江农校任教。最初，袁隆平所授课的专业并非自己大学时所专攻的内容，而是教俄语课。他在学校做了一年的俄语教师，然后被调到遗传育种教研组，负责农业基础课和专业课的教学工作，如植物学、作物栽培和遗传育种等课程。

虽然是来自大城市的大学生，但是做起老师的袁隆平从来没有轻视自己的工作。作为一个负责任的老师，他特别重视实验教学，重视培养学生的动手能力。他在徒手切片技术上下苦功夫，为的就是能够在显微镜下清晰地观察细胞壁、细胞质、细胞核的微观构造。失败了几十次，没有关系，继续练习，直到上百次才成功。而若观察了上百次还不成功，那么就再反复观察，一直到得到满意的结果。

无数个夜晚，他就那么独自待在实验室里做实验，凌晨一两点都不回去休息，在夜色弥漫的校园里，实验室的灯光依旧亮着。正是在繁复的实验中，袁隆平练就了一颗富有耐性的心。

袁隆平习惯利用课余时间到稻田边上，一边观察一边寻觅，也正是这个好习惯才促使他在 30 岁那年的一次观察过程中，发现了一颗与众不同的稻穗。

课堂上的袁隆平风趣幽默，他的每一个讲述都是自己经过实践后所确定的成果，短短几年的时间里，袁隆平就已经成长为一名优秀的农校专业课教师。

袁隆平不仅仅在课堂里给学生讲述农业技术，更是经常带着学生走进地垄田间，让他们从观察和实践中获得直接经验和动手能力。由于长年累月地在庄稼地里做实验，袁隆平被晒得黢黑，因此有了“刚果布”的外号。

在“无性杂交”的实验中，如何让水稻丰收增产的问题萦绕在袁隆平的脑海中。

由此，袁隆平立志于水稻研究。他明白，如果想要找到杂交水稻的答案，关键在于先找到天然杂交的原材料。那么，作为这个天然杂交材料的神秘的雄性不育株，到底在哪儿呢？

袁隆平再一次走进田野之间，在毒辣的日头之下苦苦地寻找起来。他顶着一轮烈日，在稻田里一棵接一棵地寻找，手里拿着放大镜和镊子小心翼翼地观察稻穗，每一棵都不放过。观察的过程中，放大镜的镜片在阳光的照耀下时常发出刺眼的光，有时照在眼睛上，使得袁隆平难以睁眼。即便如此，袁隆平也从未打算放弃，经历过狂喜和失落的他更加确信，这一季的稻穗一定要找到，不然错过了就又要等到下一季了。

“真是架子大得很啦，千呼万唤不露面啊！”袁隆平在心里对那神秘的稻穗笑言道。乐观的袁隆平期待与那神秘稻穗相遇的一刻，可他一次次地直起腰板喘过气之后，弯下腰却还是一无所获。

炎热的高温已经将田里的人们全部驱赶回家，只有袁隆平的身影在田间不停地晃动着。不论条件多艰苦，袁隆平一如既往，他坚信在这些稻穗中，有他心心念念的病态不育雄花，这正是突破问题的关键。

无数次因中暑导致的眩晕，无数次因长期弯腰而无法直起的身子，都是对一个人意志力和信念以及耐力的考验，袁隆平顶住巨大的外在与自身压力，一直在慢慢地寻找着，不急不躁的他相信自己一定可以成功。

功夫不负有心人，最终那棵神秘的稻穗终于被袁隆平找到了！他迫不及待地用这颗种子培育出了用作实验的秧苗。

袁隆平将一切希望寄托在那些残存的秧苗上，这是他的信仰。这些尚显稚嫩的秧苗，倔强地伸展着绿叶，展示着生命的力量。最初，是由有限的几株雄性不育株培育而成的，存活率非常低，即便如此，袁隆平依旧满怀希望。一旦成功，就可以一举解决中国百余年来的粮食问题，所以，他必须坚持。

幸而有国家科委九局的公函，故此实验没有受太大的影响。这场风暴过后，袁隆平和他的徒弟把那些大难不死的雄性不育株重新拿了出来，在阳光的照耀下默默守护着秧苗的成长。

冬去春来，一年又一年，袁隆平始终在坚持。湖南省农业局听闻袁隆平所做的实验后，经常派专人前往他的试验地进行考察学习，并肯定了杂交水稻的重要性。

1967 年，传来一个好消息，湖南省科委正式将“安江农校水稻雄性不孕系选育计划”的课题列入省级科研项目，并承诺对袁隆平提供帮助。4 月，袁隆平亲自起草了《安江农校水稻雄性不孕系选育计划》，并交给黔阳地区科委和湖南省科委。这一年，袁隆平得到了一笔并不丰厚的科研经费，600 元。

有了这笔经费，袁隆平赶紧买来 100 多个作废的瓦盆，在他看来，这都是必不可少的实验设备。而同时，湖南省农业厅还特别给袁隆平分配了两名助手，让他们帮助袁隆平一起进行水稻杂交试验。

同年 6 月，在中古盘 7 号田，袁隆平、尹华奇、李必湖师生三人组成水稻雄性不孕科研小组，在这一小亩的上等田上开始试验。从此，水稻雄性不孕性的研究正式开始。袁隆平因个人兴趣所进行的试验终于变成了由国家立项进行专门研究的科研课题。

1970 年，袁隆平带着两个组员来到海南三亚的南江农场。收拾妥当后，便马不停蹄地开始浸种、催芽、播种、育秧。因为这里自然条件良好，所以袁隆平准备长期在这里驻扎。他和学生们选择在南江农场附近建立实验据点，租赁房子和水田，着手进行育种试验。

1982 年，他终于盼来了湖南省农业厅的 2 万元拨款，为实验小组盖了平顶砖房，打了水井，安了电灯。试验小组这才有了一个固定的“家”，随后以这里为据点逐步发展成为杂交水稻实验基地。

袁隆平不是书呆子，他深深地感到自己的两个助手跟随自己一路跑到这祖国的最南端，舍家撇业实属不易。为了更好地培育出杂交水稻，他们的指南针变成了“太阳和季节”，在北回归线两侧的土地上来回奔波，一如候鸟迁徙一般。湖南、云南、海南三地成了他们最熟悉的地方，可他们每月却只有 18 元钱的生活费。

内心对杂交水稻这个研究的钟情，使得吃苦受累的袁隆平甘之如饴，他从不抱怨，亦没有丝毫退却的念头，只是日复一日地在持续的奋斗中“等待”成功。

终于，他们成功了！

杂交水稻的成功，让袁隆平一时声名大振。这个整日“长”在田地里的科学家，在外界的美誉和个人成绩面前，却没有一丝的浮躁。一向严谨的袁隆平清楚，虽然这一次成功了，但杂交水稻技术还有待进一步完善。

成功过后，袁隆平依旧把整个身心投入杂交水稻研究工作，这个杂交水稻之父用他的行动告诉人们，成功是不厌其烦地尝试自己的想法，是富有耐心地静静等候梦想的种子开花结果，成功的路上永远不需要急于求成。

不能否认的是，包括他在内的任何一个用心追逐自己心中所思所想的追梦者，无一不是“重复力”的践行者。这个世界因这样的追梦人而美，更因这种力量而美！